建筑照明设计标准培训讲座

《建筑照明设计标准》编制组 编

中国建筑工业出版社

图书在版编目（CIP）数据

建筑照明设计标准培训讲座/《建筑照明设计标准》
编制组编 .—北京：中国建筑工业出版社，2004
ISBN 7-112-07010-4

Ⅰ.建… Ⅱ.建… Ⅲ.建筑—照明设计—标准—
培训讲座 Ⅳ.TU113.6-65

中国版本图书馆 CIP 数据核字（2004）第 119894 号

建筑照明设计标准培训讲座

《建筑照明设计标准》编制组 编

中国建筑工业出版社出版、发行（北京西郊百万庄）

新 华 书 店 经 销

北京密云红光印刷厂印刷

*

开本：850×1168毫米 1/32 印张：6¼ 字数：160千字
2004年12月第一版 2005年5月第二次印刷
印数：5001—8000 册 定价：**12.00**元

ISBN 7-112-07010-4
TU·6246（12964）

本社网址：http://www.china-abp.com.cn
网上书店：http://www.china-building.com.cn

本书是由《建筑照明设计标准》GB 50034—2004 主编单位主持编写的以实施《标准》为目的的宣贯教材。其内容涉及《标准》的全部内容，并给出了《标准》编制过程中的一些背景材料。本书与《标准》结合紧密，内容丰富、新颖，具有高度的权威性、创新性、科学性、针对性和可操作性。

　　本书共分 8 章对标准作了讲解，具体内容为：1. 建筑照明设计标准的发展；2. 主要术语释义；3. 一般规定；4. 照明数量和质量；5. 照度标准值的制订；6. 照明功率密度值；7. 照明配电及控制；8. 照明管理与监督。

　　本书供建筑照明设计、管理人员及相关专业技术人员学习参考。

* * *

责任编辑：孙玉珍
责任设计：郑秋菊
责任校对：刘　梅　王　莉

前　言

根据建设部建标〔2002〕85号文和原国家经贸委、联合国开发计划署（UNDP）及全球环境基金（GEF）的CPR/00/G32/B/1G/99的项目计划要求，由主编单位中国建筑科学研究院会同中国航空工业规划设计研究院等有关参编单位完成了国家标准《建筑照明设计标准》的编制任务。中华人民共和国建设部于2004年6月18日发布第247号公告，国家标准《建筑照明设计标准》GB 50034—2004，自2004年12月1日起实施。原《工业企业照明设计标准》GB 50034—92和《民用建筑照明设计标准》GBJ 133—90同时废止。

由于新修订的国家标准比原标准有较大的变化，其照度水平比原标准有较大的提高，照明质量规定比原标准明确具体，而且定量化，特别是照明节能指标首次作为强制性条文在标准中明确规定，必须严格执行。为此，建设部和国家发改委要求，此项标准要在全国范围内进行宣贯。为了便于正确理解标准的技术内容，由本标准主编单位主持编写此宣贯教材。

本教材共分8章对标准作了讲解，具体内容为：

1　建筑照明设计标准的发展

2　主要术语释义

3　一般规定

4　照明数量和质量

5　照度标准值的制订

6　照明功率密度（LPD）值

7　照明配电及控制

8　照明管理与监督

参加本宣贯教材编写的有赵建平、张绍纲、任元会、李景色和李德富。

本教材引用了编制组下列技术支持报告：

1 照明现状调研报告

2 照明功率密度论证及新标准与原标准的技术经济分析

3 荧光灯、高强度气体放电灯（光源光通量、灯具效率、镇流器功耗）现状调查报告

4 室内照明的不舒适眩光评价方法报告

5 国内外照明照度及节能标准介绍

希望本教材对建筑照明设计单位，准确贯彻执行本标准，提高照明设计水平，加速我国绿色照明工程的实施起到积极的促进作用，为我国节约能源、保护环境和改善照明环境做出新贡献。同时对本标准的全体参编人员的辛勤劳动表示衷心感谢。

目 录

1 建筑照明设计标准的发展

1.1 我国建筑照明设计标准的发展

新中国成立后，各项建设事业兴起，当时为了国家经济建设的需要，急需有一个可遵循的建筑照明设计标准。当时，由于时间紧迫，任务急，采取最省时和省力的办法是将原苏联的《人工照明标准》中的照度标准按比例降低来规定照度标准值，形成了我国第一本《工业企业人工照明暂行标准》106—56。以后，因"文化大革命"各项工作停顿，直到20世纪70年代初，才由国家基本建设委员会（73）建革设字239号通知下达任务，编制我国自己的工业企业照明设计标准，即《工业企业照明设计标准》TJ 34—79，该标准由国家建委建筑科学研究院和上海市基本建设委员会共同主编，自1979年1月1日起颁布施行。该标准从当时我国的技术、经济水平出发，进行了比较广泛的调查、实测和必要的科学实验，根据我国建国20多年来的照明设计和使用经验制订的。当时标准的照度水平是很低的，基本上没有脱离原苏联标准的框框。但在当时进行了大量的科学实验，如中国人眼的视觉功能实验以及各种参数的实验等，为以后的标准的制订提供了良好的技术依据。修订后的标准共分七章四十七条和四个附录，修改补充的主要内容有：修改了视觉工作分等、分级、照度标准值和照度补偿系数；补充了照明光源种类和不同光源混光比的规定；取消了按光源种类规定照度标准值的规定；增加了一般生产车间和工作场所的照度标准值、照度均匀度、灯具和附属装置以及照明供电方面的有关规定。

根据国家计委计综（1987）2390号文的要求，由中国建筑科学研究院主持修订《工业企业照明设计标准》TJ 34—79 的任务，中华人民共和国建设部以建标〔1992〕650 号文通知，《工业企业照明设计标准》GB 50034—92 自 1993 年 5 月 1 日起施行。在修订过程中，进行了广泛的调查研究和必要的科学实验，认真总结了我国近十年来工业企业照明设计和使用经验，吸取了部分科研成果。主要修订内容有：修改了照度标准、维护系数值、光源、混光光通量比、灯具及其附属装置、照明方式和照明种类、照明供电，增加了眩光限制方法、光源显色特性、照明节能等有关规定。该标准主要参考国际照明委员会（CIE）29/2 号出版物《室内照明指南》（1986）的规定制订的，照度标准值规定了低、中、高三档值，照明质量按 CIE 规定了光源的色温、光源显色指数的选用以及灯具眩光限制曲线等，该标准推荐了工业建筑照明节能指标，但对各类房间无明确规定，只规定了每百勒克斯所用的电功率。该标准反映了我国 20 世纪 80 年代末和 90 年代初我国技术经济状况的照明水平。

根据国家计委〔1984〕305 号文的要求，下达了由中国建筑科学研究院主编《民用建筑照明设计标准》的任务，标准编号为 GBJ 133—90，自 1991 年 3 月 1 日起施行。该标准为我国首次编制。在编制过程中，进行了广泛的调查研究，认真总结了我国民用建筑照明设计的实践经验，参考了有关国际照明委员会（CIE）29/2 出版物和国外先进标准。针对主要技术问题开展了科学研究与试验验证工作。该标准规定了图书馆、办公、商店、影剧院、旅馆、住宅、铁路旅客站、港口旅客站、体育运动场地等建筑和公用场所的照度标准值的低、中、高三档值，其照明质量方面的规定基本上与 CIE 的 29/2 出版物的规定一致。但是标准远不够全面系统，缺少学校、医院、博展等建筑的照明标准的规定，而且无建筑照明节能的规定。该标准反映了我国 20 世纪 80 年代中后期的技术经济水平。

根据建设部建标〔2002〕85 号文和原国家经贸委、联合国开发计划署（UNDP）以及全球环境基金（GEF）的 CPR/00/G32/

B/IG/99 的项目计划要求，由主编单位中国建筑科学研究院会同有关参编单位编制国家标准《建筑照明设计标准》。根据建设部的要求，将原《工业企业照明设计标准》GB 50034—92 和原《民用建筑照明设计标准》GBJ 133—90 合并予以修订并增加建筑照明节能的内容。该标准通过对 500 个建筑和 3000 个房间或场所大量普查和重点实测调查，参考国际照明委员会 2001 年最新的标准和美国、日本、德国、俄罗斯等国家的最新建筑照明设计标准和建筑照明节能标准制订的。

制订新标准的指导思想和原则是满足在我国全面建设小康社会的需要，以人为本，创造良好的光环境，具体技术路线如下：

1　适当提高原标准的照度水平，尽可能向国际和发达国家的标准水平靠拢；

2　提高照明质量，采用国际上先进的照明质量指标；

3　补充原照明标准的缺项和取消一些不适用的条文；

4　简化原标准并解决原二项标准中的矛盾和重复的技术问题；

5　做好技术经济分析和验证，既考虑我国照明现今技术经济水平状况，又要考虑促进我国的照明科学技术和照明产业的进步，具有一定的前瞻性。

新标准要做到：技术先进、经济合理，使用安全和维护方便，达到节约能源、保护环境和提高照明环境质量水平的目的。

1.1.1　新标准与原二项标准相比较主要有三大变化

1　照度水平有较大的提高。一些主要房间或场所所规定的一般照明照度标准值提高 50% ~ 200%，是现实需要的合理反映。而且只规定一个照度值，取消原标准的三档值，但允许在某些条件下及建筑功能等级要求的不同的房间或场所，可降低或提高一级，具有一定灵活性。

2　照明质量标准有较大提高和改变，基本上是向国际标准靠拢。对大部分房间的光色有较高要求，如对长时间有人工作的房间或场所，其对颜色识别的失真不得大于20%，即显色指数大于80，少数房间的显色性要求稍低。其次对照明所产生的眩光有了新规定。眩光限制在原标准中对各种房间无明确具体要求，只规定了灯具的眩光限制曲线。而在新标准有了明确的规定，采用国际上通用的最大允许的统一眩光值（UGR）来限制，提高了眩光限制的合理性和准确性。同时这也是对照明器材生产厂家和设计提出了新要求，厂家要提供符合眩光限制的灯具。

3 增加了居住、办公、商业、旅馆、医院、学校和工业等七类建筑108种常用房间或场所的最大允许照明功率密度值，除居住建筑外，其他六类建筑的照明功率密度限值属强制性条文。必须严格执行。要求用较少的照明功率，保证满足标准要求的照度和照明质量，即达到节约能源、保护环境、提高照明质量、实施绿色照明的宗旨。

1.1.2 新标准达到的三大目标

1 提高了照度水平和照明质量，改善了视觉工作条件。它对提高生产、工作、学习的视觉效能、识别速率，以及保障安全、降低差错率都有很大影响，同时对人们的心理和生理产生良好作用。

2 推动照明领域的科技进步。新标准提高了照度，规定了较高的显色性要求和适合我国情况的照明功率密度值以及相应的技术措施。这些对照明电器产业的产品更新换代，促进高效、优质电光源、灯具以及其他照明产品的生产、推广和应用具有强大的推动作用。如优质、高光效、长寿命的稀土三基色荧光灯已在国外大量推广应用，我国的制灯工艺技术已成熟，但至今生产和应用量仍较小。鉴于它的显色指数较高、光效高、寿命长等优越性能，特别符合新标准规定的要求。预计在新标准颁布实施后，将得到快速的推广和应用。此外新标准对提高照明工程的设计水平也起到很大的促进作用。例如，如何达到规定的照度和照明功率密度限制以及照明质量要求，也需要一番设计思考，想方设法来达到。

3 有利于提高照明能效，推进绿色照明的实施。过去照明设计只注重照度，而对照明节能注意不够，浪费大量电能，特别在大型的公共建筑中的二次装修中的照明设计，更是忽视照明节能。新标准除居住建筑外，把照明功率密度值的规定作为强制性条文，增加了检查和监督等规定，从而把提高照明系统节能放到了重要地位，落到实处。以办公室、教室等一类场所的照明为例，按新标准要求，要采用稀土三基色荧光灯，配节能电感镇流器或电子镇流器，其综合能效与采用卤粉的粗管径荧光灯相比，在相同照度时，其照明功率密度值仅为原来的 50% ~ 55%，即使照度比原标准提高 50% 多，其照明功率密度值还可降低 18% ~ 28%；如果照度提高一倍时，其照明功率密度值大致相同，并未增加照明用电。可见，新标准对节约电能的巨大推动作用，从而推动了绿色照明工程的实施。

1.1.3 标准的实际效果的三大反映

1 反映了我国全面建设小康社会的新形势和新要求，有必要把照度水平和照明质量水平提高到一个新水平，向国际标准靠拢。新标准的照度水平与国际标准水平相同或接近，而显色性、眩光评价、照度均匀度等照明质量水平，与国际标准完全相同，标志着我国的照明标准水平已达到或接近国际水平。

2 反映了在照明领域必须致力提高能效，最大限度节约电能，减少有害物质向大气排放，保护环境，以适应我国的能源形势和保护环境以及实现可持续发展的总要求。

3 反映了我国当前光源、灯具和电器附件的新发展和新水平。如稀土三基色荧光灯、陶瓷金卤灯等优质、高效光源，电子镇流器和节能型电感镇流器等附件，都在标准中得到积极推广应用。

本标准适用于新建、改建和扩建的照明工程。本标准的适用范围包括民用与工业建筑的室内照明，比原标准增加了学校、医院、航空港交通建筑、博展建筑的照明标准等，以及除工业建筑的通用场所（机电行业）外，增加了电子信息产业、纺织和化纤工业、制药工业、橡胶工业、电力工业、钢铁工业、制浆造纸工业、啤酒及饮料工业、玻璃工业、水泥工业、皮革工业、卷烟工业、石油和化学工业、木业和家具制造业的照明标准。大大充实了工业建筑照明标准的内容，填补了民用与工业照明标准的空白，形成了一部较完整的照明设计标准。

本标准的技术内容全面系统，它包括了各类建筑的数量指标（照度）、质量指标（照度均匀度、眩光限制、光源颜色、显色性、反射比等）、照明节能指标（如照明功率密度）、照明配电及控制、照明管理与监督等。

本标准技术先进，具有一定的前瞻性和创新性，标准的章节构成合理、简明扼要、层次清晰、符合标准编写规定。从标准的内容和技术水平上看，达到了国际同类标准水平。

总之，标准的实施，将对我国实施绿色照明具有巨大的推动作用，将为我国节约能源、保护生态环境和社会经济的可持续发展做出重要贡献。

1.2　国外建筑照明设计标准的发展

1.2.1　国际照明委员会（CIE）的照明标准

1975 年 CIE 第三分部发表了第 29 出版物《室内照明指南》，从 1979 年开始修订此出版物。CIE 第三分部又于 1986 年发表第 29 号/2 出版物。在这两版标准中，均对照明的基本原理、设计与运行、照明应用、照度标准值、眩光防护法等加以推荐。2001 年由 CIE/ISO 联合技术委员会共同批准《室内工作场所照明》CIE S008/E—2001，以取代 CIE29/2 号出版物。新国际标准对原指南进行很大简化。新标准共有 6 章，分别为：适用范围、相关标准文件、定义、照明设计标准、推荐的照明标准值一览表和检测方法。其中在照明设计标准中又分为：光环境、亮度分布、照度、眩光、方向性、颜色特性、昼光、照明维护、节能、有终端显示屏（VDT）的工作场所的照明、闪烁和频闪效应、应急照明等。其中最主要特点是修改 CIE29/2 的三档照度范围值，而只规定一个固定照明值。但在某些情况下，具有可提高或降低一级的灵活性；其次对各房间的统一眩光值（UGR）和一般显色指数（Ra）作了明确具体的规定，给出计算不舒适眩光的计算公式以及照明质量方面的规定。

1.2.2　美国的照明标准

美国早在上个世纪早期就制定了国家照明标准，至今《美国照明手册》已出到第九版（2000 年版）。在 1979 年北美照明学会（IESNA）就建立了一个照度选择方法，已在其手册的第 6、7、8 版上发表。但此方法在第 9 版上被修订，主要作了四项重要修改：（1）提供的照度标准值不多，没有指出特定应用场所，但是给出每种应用特定的推荐照度；（2）由先前的九级照度等级减为七个等级，分成三种视觉工作（简单的、一般的和特殊的）；（3）每个等级给出了工作精度的分级，例如"低对比"和"大尺寸"，具体量化了对比和尺寸范围；（4）由于工作对比和工作识别物件尺寸的变化，随工作难度增加，推荐照度值的增高约按对数比例增加。此外，为了便于应用，美国标准按室内、工作、室外、体育运动和娱乐、交通运输以及应急、安全和保安六种场所的下列指标的很重要、重要、有些重要、不重要或不合适来确定照明：空间或灯具的外观、色表（或色对比）、采光的应用和控制、直接眩光、闪烁（和频闪效应）、表面光分布、工作面的光分布（均匀度）、室表面亮度、脸面和物体的立体感、兴趣点、反射眩光、阴影、光源/作业/眼的几何、闪烁/满意的反射照度、表现特性、系统控制和灵活性、特殊考虑，以及照度（水平和垂直）和照度值等级。对 500 多房间或场所的照度标准值和质量要求作了规定。

自 1973 年发生第一次世界能源危机以来，美国就开始制定能源政策并制订建筑节能标准，最早在 20 世纪 80 年代初制定世界第一版建筑照明节能标准。于 1989 年修订了第一版标准，现行建筑照明节能标准为 ASRAE/IES（90.1—1999）第三版，是对第二版标准的修订。在本版中用室内照明功率密度（LPD）来限定建筑照明用能，其单位为 W/m^2。用两种方法来评价照明用能状况，一种是评价整栋建筑用能的建筑物的面积法；另一种是单个房间用能的逐个房间法。房间或场所的照明功率密度不得大于此规定的照明功率密度值。此外，还规定具有某种特定功能的房间的附加的照明功率密度值。如有装饰性照明要求和用于显示和销售精细商品的照明等。对 27 类建筑规定了整栋的照明功率密度值，对 75 个单个房间规定了照明功率密度值。此外，还对自动断电、照明控制、辅助控制、配线、灯具所用瓦数作了具体规定。

1.2.3 日本的建筑照明标准

日本于 1958 年颁布实施日本工业标准中的照度标准 JIS Z 9110，尔后于 1960、1964、1969、1975 年进行了四次修订，现行标准为 JIS Z 9110—1979。标准对 13 大类建筑以附表的方式给出各大类中各房间的照度标准的范围值，规定得详细具体，具有一定的灵活性，该标准执行 20 多年来未作修订。

日本于 1993 年 11 月 1 日开始施行的《合理用能法》，规定了照明节能标准采用照明能耗系数（Coefficient of Energy Consumption for Lighting），简写为 CEC/L，作为照明装置有效用能的评价标准，即照明的实际能耗与假定能耗为最低限时所必须的假定标准照明能耗之比值，即 CEC/L，要求其值小于或等于 1。该标准对旅馆、办公、医院、学校、商店、餐馆的六大类建筑各个房间规定了标准照明能耗值（W/m^2）。1998 年对 1993 年标准进行修订，现行的《节能法》中关于照明节能是于 1999 年 4 月 1 日实施的。总的趋势逐步减少照明用电量，以节约能源。

1.2.4　俄罗斯的建筑照明标准

前苏联早在上个世纪早期就开始制订国家的照明标准，现今俄罗斯联邦的建筑标准和规程中的《天然采光和人工照明》CHuП23—05—95 是代替前苏联的 CHuП—4—79 标准。俄罗斯的工业企业人工照明是按视觉工作特征、识别物体的最小尺寸和等效尺寸、视觉工作分等和分级、物体与背景的亮度对比、背景特征以及按全部、一般和局部的照明确定照度标准。分等分级是很细的，对比分大、中、小三等，背景特征又分为亮、中、暗等。

俄罗斯的居住、公共、行政、生活建筑的人工照明标准是在固定和非固定注视下的识别的视觉工作特征，按识别物体的最低或等效尺寸、视觉工作的分等和分级、注视工作面时间长短来规定一般照明在工作面上的照度和柱面照度。此外，还对一般公共、居住、辅助建筑以及工业企业的生活服务房间的 96 个房间或场所混合照明和/或一般照明时的照度标准值作了规定。

俄罗斯 MГCH2.01—98《建筑节能量》的第 4 章（1998 年版）规定了照明最大允许单位面积安装功率，同时规定其所对应的照度。标准对 22 种房间用能作了规定，但其最大允许单位面积功率值相对较高，对照明节能不利。另外，规定了在照明灯具利用系数为 100%，维护系数为 0.66 时，每 100lx 的一般照明单位面积功率的基本值，该值因不同的房间亮度和房间面积的大小而不同。

1.2.5　德国的照明标准

德国早在上个世纪中叶就制订了《人工照明标准》DIN5035 国家标准，现行的标准是 DIN5035—1999 的标准，也作为欧盟各国的统一标准。该标准按 20 类建筑或行业的各个房间规定其具体的照度标准值、光色、显色指数和直接眩光限制等级。

2 主要术语释义

2.0.1 绿色照明

绿色照明理念最早是由美国环保局于 1991 年提出的，实施至今 10 余年，已取得良好的社会、经济和环保效益。目前国际上对绿色照明尚无一个明确的统一定义，其主要宗旨是节约能源、保护环境和提高照明环境质量。我国最初的定义是"绿色照明指通过科学的照明设计，采用效率高、寿命长、安全和性能稳定的照明电器产品（电光源、灯用电器附件、灯具、配线器材以及调光控制设备和控光器件），改善提高人们工作、学习、生活的条件和质量，从而创造一个高效、舒适、安全、经济、有益的环境并充分体现现代文明的照明。"我们认为这个定义太长、太复杂，而是予以简化为"绿色照明是节约能源、保护环境，有益于提高人们生产、工作、学习效率和生活质量，保护身心健康的照明"，简单明了，突出绿色照明宗旨。

2.0.2 光通量

按照国际标准规定的标准光度观察者（标准人眼）视觉特性评价辐射通量而导出的光度量。对于明视觉，即正常人眼适应高于几个坎德拉每平方米亮度时的光通量公式为：

$$\Phi = K_\mathrm{m} \int_0^\infty \frac{\mathrm{d}\Phi_\mathrm{e}(\lambda)}{\mathrm{d}\lambda} \cdot V(\lambda) \cdot \mathrm{d}\lambda \qquad (2.0.2)$$

式中　$\mathrm{d}\Phi_\mathrm{e}(\lambda)$ ——辐射通量的光谱分布；

　　　$V(\lambda)$ ——明视觉时光谱光（视）效率，它表示人眼对不同波长单色辐射的相对灵敏度。

$V(\lambda)$ 的定义是波长 λ_m 为 555nm 时与波长为 λ 的两束辐

射，在特定的光度条件下产生相同光亮度感觉时，该两束辐射的辐射通量之比。在明视觉条件下，$V(\lambda) = 1$ 时，最大值在 $\lambda = 555nm$。国际照明委员会给出了波长为 $380 \sim 780nm$ 时 $V(\lambda)$ 值和 $V(\lambda)$ 曲线图。

K_m 是辐射的光谱光（视）效能的最大值，单位为流明每瓦特（lm/W）。在单色辐射时，明视觉条件下的 $K_m = 683$ lm/W（$\lambda_m = 555nm$ 时）。

光通量的符号为 Φ，单位为流明（lm），$1lm = 1/683W$。光通量单位采用较小的量表示，而不用较大的量 W 来表示。$1lm$ 是发光强度为 $1cd$ 的均匀点光源在 $1sr$ 内发出的光通量。

在照明工程中，常用光通量来表示一个光源发出能量的多少，它是光源的一个基本参数。例如 100W 普通白炽灯发出的光通量为 1250lm，36W 稀土三基色 T8 荧光灯发出的光通量为 3250lm。

2.0.3 发光强度

不同发光体在空间发射出的光通量在空间各方向分布大小是不等和不均匀的，它表示光通量是在某一方向的空间密度，称为发光强度。其定义是发光体在给定方向上的发光强度是该发光体在该方向立体角元 $d\Omega$ 内传输的光通量 $d\Phi$ 除以该立体角元所得之商，即单位立体角内的光通量，其公式为：

$$I = \frac{d\Phi}{d\Omega} \qquad (2.0.3)$$

发光强度的符号为 I，单位是坎德拉（cd），在数量上 $1cd = 1lm/sr$。

国际计量大会通过的坎德拉定义：一个光源发出频率为 $540 \times 10^{12}Hz$ 的单色辐射（对应于空气中波长为 555nm 的单色辐射），若在一定方向上的辐射为 1/683W/每球面度，则光源在该方向上的发光强度为 1cd。

发光强度是表征发光体发出的光通量在空间各方向上或在某

一特定方向上的分布密度。例如，一只 40W 裸白炽灯发出 350lm 的光通量，它的平均发光强度为 350lm/4π = 28cd，如果在裸灯上加上搪瓷反射罩，则灯下方的发光强度可提高 2 倍左右。这说明灯泡发出光通量不变，而发光强度提高了许多。

2.0.4 亮度

表面上一点在给定方向上的亮度 L，亮度的符号为 L，单位为坎德拉每平方米（cd/m^2），过去称为尼特（nt）。它是包括该点面元 dA 在该方向的发光强度 $dI = d\Phi/d\Omega$ 与面元在垂直于给定方向上的正投影面积 $dA \cdot \cos\theta$ 所得之商，其公式为：

$$L = d\Phi/(dA \cdot \cos\theta \cdot d\Omega) = dI/(dA \cdot \cos\theta) \quad (2.0.4-1)$$

对于均匀漫反射表面，其表面亮度 L 与表面照度 E 的关系如下式所示：

$$L = \frac{E \cdot \rho}{\pi} \quad (2.0.4-2)$$

对于均匀漫透射表面，其表面亮度 L 与表面照度 E 的关系如下式所示：

$$L = \frac{E \cdot \tau}{\pi} \quad (2.0.4-3)$$

式中的 ρ 和 τ 分别为表面的反射比和透射比。

钨丝灯的亮度为 $(2.0 \sim 20) \times 10^6 cd/m^2$，荧光灯为 $(0.5 \sim 15) \times 10^4 cd/m^2$，蜡烛为 $(0.5 \sim 1.0) \times 10^4 cd/m^2$，蓝天为 $0.8 \times 10^4 cd/m^2$。

2.0.5 照度

照度是用以表示被照面上的光线强弱的光度指标，是被照面上的光通量密度。其定义为：表面上一点的照度 E 是入射在包含该点的面元上的光通量 $d\Phi$ 除以该面元面积 dA 所得之商，其公式为：

$$E = \frac{\mathrm{d}\Phi}{\mathrm{d}A} \qquad (2.0.5)$$

照度单位为勒克斯（lx），1lx 是 1lm 光通量均匀分布在 1m² 面积上所产生的照度，即 1lx = 1lm/m²。

晴朗天满月夜地面照度为 0.2lx，晴天室外太阳散射光（非直射）照射下地面照度为 1000lx，中午太阳光直射下地面照度为 100000lx。

照度不是人眼直接感受到的光度量，它不取决于照射表面是何种明亮程度，均为相同的照度。

2.0.6　维持平均照度

维持平均照度是指规定表面上的平均照度的最低值，也就是说照明装置需要换灯或擦拭以及两者同时进行时在规定表面上的平均照度。例如，有的规定在灯光衰减到 80% 新装时的光通量值时，有的规定为 70%。在照明计算时，照明计算用的照度就是维持平均照度。

2.0.7　维护系数

在照明设计时，考虑到照明装置在使用一定周期后，因光源的光衰、灯具和房间表面的污染，而使规定表面上的照度下降，在计算公式上需要除以维护系数值，从而使设计房间的初始照度高于维持平均照度值，也就是说维护系数是在规定表面上的平均照度与该照明装置在新装时在同一表面上所得到的平均照度之比，亦即维护系数是小于 1 的数值。

2.0.8　亮度对比

看清物体需有一定的亮度与识别物体的背景亮度的对比。亮度对比是视野中识别对象亮度 L_t 和背景亮度 L_b 的差与背景亮度 L_b 之比，即 $C = \frac{\Delta L}{L_b}$，也可用 $C = \frac{L_t - L_b}{L_b}$ 来表示。对比可分为正对比和负对比，如在黑背景上识别白色的物体时为正对比，而在白色背景上识别黑色物体时为负对比。亮度对比又有大小之分，亮度对比大于 0.3 时为大对比，亮度对比小于 0.3 时为小对比。如在本标准规定亮度对比小于 0.3 时，其照度标准可按照度标准值的分级提高一级。

2.0.9　光强分布（配光）

通常用曲线或表格表示光源或灯具在空间各方向的发光强度值，也称配光。其所表示的曲线称为光强分布曲线，也称配光曲线。它是在通过光中心的平面上将光源或灯具在空间各方向的发光强度表示为角度（从某一给定方向算起）函数的曲线，以极坐标或角坐标表示。它主要提供灯具光分布的特性，计算灯具在某一点产生的照度，计算灯具的亮度分布。对于点光源的光强分布可用一条配光曲线即可全部表征光强分布，而对于如荧光灯的光强分布至少要用二条以上的曲线来表征。为便于比较，所有给出的配光曲线均以光通量为 1000lm 绘制的。在实际应用时，如为2000lm 时，其光强实际值，应乘以系数 2。从光强分布状况可以看出光的有效利用程度。

2.0.10　光源的发光效能

光源的发光效能是其发出的光通量除以光源功率所得之商，简称光源的光效。单位为流明每瓦特（lm/W）。光源的光效越高，说明单位功率发出的光能越多，表明在照明光能应用时越节约照明用电。在光源中尤以气体放电灯光效为高。在照明工程中，首先应选用光效高的电光源。

2.0.11　灯具效率

灯具效率是指灯具所发出光能的利用效率。通常在规定使用条件下，是测出的灯具光通量与灯具内所有光源在灯具外测出的总光通量之比，灯具效率也称灯具光输出比。灯具效率越高，说明灯具发出的光能越多。灯具效率用百分数表示，其数值总是小于100%。灯具效率由实验室实际测量得出。

2.0.12 照度均匀度

一般情况下，照度均匀度是表征在规定表面上照度变化的量，常用规定表面上最小照度与平均照度之比来表示。有些情况下，也可用规定表面上的最小照度与最大照度之比来表示。它是表征照明质量的重要指标。照度均匀度不佳，易造成明暗适应困难和视觉疲劳。

2.0.13 统一眩光值（UGR）

UGR 是评价室内照明不舒适眩光的量化指标，它是由 CIE 117 号出版物《室内照明的不舒适眩光》（1995）在综合一些国家的眩光计算公式经过折衷后提出的，作为 CIE 成员国参照使用。我国也参照采用此评价方法。它是度量处于视觉环境中的照明装置发出的光对人眼引起不舒适感主观反应的心理参量，其值可按 CIE 的 UGR 公式计算。UGR 值可分为 28、25、22、19、16、13、10 七档值。28 为刚刚不可忍受，25 为不舒适，22 为刚刚不舒适，19 为舒适与不舒适界限，16 为刚刚可接受，13 为刚刚感觉到，10 为无眩光感觉。在本标准中多数采用 25、22、19 的 UGR 值。

2.0.14 眩光值（GR）

GR 是评价室外照明眩光的量化指标，它是由 CIE 112 号出版物《室外体育和区域照明的眩光评价系统》（1994）提出的，作为 CIE 成员国参照使用。本标准也采用了此眩光评价方法，它是度量室外体育场和其他室外场地照明装置对人眼引起不舒适感觉主观反应的心理参量。其值可按 CIE 的 GR 公式计算。对 GR 值的评价可分为 9 点标价尺度。GR90 为不可忍受的眩光，80 介于不可忍受与干扰的之间，70 为干扰的，60 为介于干扰的与刚刚可接受之间，50 为刚刚可接受的，40 为介于刚刚可接受与可见的之间，30 为可见的，20 为介于可见的与看不见之间，10 为看不见的。本标准规定不论有无彩电转播，均规定 GR 小于 50。

2.0.15 灯具遮光角

为防止灯具所产生的直接眩光，通常对灯具的遮光角大小加以限制，它是光源发光体最边缘一点和灯具出光口的连线与灯具出光口水平线之间的夹角。灯具的遮光角越大，则限制眩光越好，但光的利用效率降低；反之，则有与之相反的效果。灯具的遮光角大小取决于光源的平均亮度。光源的平均亮度越大，则遮光角越大；反之，则遮光角越小。

2.0.16 光幕反射

光幕反射是一种反射眩光，它是因视觉对象的镜面反射与漫反射出现的，它使视觉对象的亮度对比降低，即可见度降低，造成部分或全部地难以看清视觉作业的细部。如在学校的光泽度高的黑板面上，从某一个角度观看黑板面或在办公桌前面设有台灯或桌正上方部分有灯，在阅读有光泽的纸面的字时，常出现光幕反射现象。

2.0.17 显色性

显色性是与参比的标准光源相比较时，光源显现物体颜色的特性，即光源对照射的物体色表的影响，该影响是由于观察者有意识或无意识地将它与参比的标准光源下的色表相比较而产生的相符合程度的度量。在数量上以显色指数来定量，与参比的标准光源的色表完全一致时，则其显色指数为 100。参比标准光源的色温为 2856K 或 6500K，在小于 5000K 时用 2856K 作为参比的标准光源；大于 5000K 时用 6500K 作为参比的标准光源。

2.0.18 显色指数

显色指数是评价识别物体显色性的数量指标。它是被测光源照明物体的心理物理色与参比标准光源照明同一物体的心理物理色符合程度的度量。显色指数分为特殊显色指数和一般显色指数。在照明工程中，常应用一般显色指数 Ra。

2.0.19 一般显色指数

一般显色指数是光源对八个一组色样（CIE1974 色样）的特殊显色指数的平均值。符号用 Ra 表示，与参比标准光源相比较显色性完全一致时为 100，否则为小于 100 的数，即有显色失真的表现。

2.0.20 色温

色温是热辐射光源的色表指标。当某一种光源（热辐射光源）的色品与某一温度下的完全辐射体（黑体）的色品完全相同时，完全辐射体（黑体）的温度就是该光源的色温。符号为 Tc，单位为开（K）。热辐射光源通常是指白炽灯或卤钨灯。色品在数量上一般用色品坐标来表示。色表可分为暖色、中间色和冷色三种特征。

2.0.21 相关色温

相关色温是气体放电光源的色表指标。当某一种光源（气体放电光源）的色品与某一温度下的完全辐射体（黑体）的色品最接近时完全辐射体（黑体）的温度，即是该气体放电光源的相关色温。符号为 Tcp，单位为开（K）。气体放电光源包括各种荧光灯和高强度气体放电灯等。

2.0.22 照明功率密度（LPD）

照明功率密度是评价建筑照明节能的指标，它是房间单位面积上的照明安装功率（包括光源、镇流器或变压器的功率），单位为瓦特每平方米（W/m^2）。房间的总安装功率不得大于规定的LPD。LPD 是目前许多国家所采用的照明节能评价指标。可规定整栋建筑或该类建筑逐个房间的 LPD 值。本标准只规定该类建筑逐个房间的 LPD 值。

3 一 般 规 定

3.1 照明方式和照明种类

3.1.1 照明方式

照明方式是照明设备按其安装部位或使用功能构成的基本制式。

1 一般照明

为照亮整个场地而设置的均匀照明称为一般照明。对于工作位置密度很大而照明方向无特殊要求的场所，或生产技术条件不适合装设局部照明或采用混合照明不合理的场地，则可单独装设一般照明。采用一般照明在照度较高时，需要较高的安装功率，对节能不利。一般常用于办公室、学校教室、商店、机场、车站、港口的旅客站及层高较低（4.5m以下）的工业车间等。

2 分区一般照明

对于某一特定区域，如进行工作的地段，不同地段进行不同的工作，而且要求的照度不同时，可设计成分区一般照明，选用照度标准应贯彻该高则高和该低则低的原则，可有效地节约能源。如在工业车间中，工作区的照度与通道区的照度可设计成不同照度的分区一般照明。

3 混合照明

对于部分作业面要求照度高，但作业面密度不大的场所，若只装设一般照明，会大大增加照明安装功率，增加照明用电，因而在技术经济方面是不合理的。若采用混合照明方式，即增加照射距离较近的局部照明来提高作业照度，即使用较小的功率，取得较高的照度，不但节约电能，而且也节约电费开支。混合照明常用于工业车间中，如机加工车间，车间上方有一般照明，形成均匀的一般照明照度，而在工作的车床上安装局部照明灯，既可产生较高照度，又节约电能便属于此例。

4 局部照明

对于特定的视觉工作使用的，为照亮某个局部而设置的照明称为局部照明。局部照明只能照射有限的面积，对于局部地点需较高照度，而且对照射方向有特殊要求时，应采用局部照明。还有在有些情况下，工作地点受遮挡以及工作区及其附件产生光幕反射时，也宜采用局部照明。对于为防止工频的气体放电灯产生的频闪效应，宜采用配电子镇流器的气体放电灯或采用低功率的白炽灯为宜。本标准规定在工作场所内不应只设局部照明，这是因为工作地点很亮，而周围环境很暗，易造成明暗不适应，而产生视觉疲劳或事故。

3.1.2 照明种类

1 正常照明

所有工作场所均应设置永久安装的在正常情况下使用的室内、外照明，一般它既可单独使用，也可与应急照明、值班照明同时使用，但控制线路必须分开。

2 应急照明

应急照明是正常照明的电源失效而启用的照明。应急照明可分为三类：备用照明、安全照明和疏散照明。

1) 备用照明是在当正常照明因故障熄灭后，可能会造成爆炸、火灾和人身伤亡等严重事故场所，或停止工作造成很大影响或经济损失的场所而设的继续工作用的或暂时继续进行正常活动照明，或在发生火灾时为了保证消防能正常进行而设置的照明。

2) 安全照明是在正常照明因故障熄灭后，确保处于潜在危险状况下的人员安全而设置的照明。如在使用圆盘锯的场所等。

3) 疏散照明是在正常照明因故障熄灭后，为了避免发生意外事故，而需要对人员进行安全疏散时，在出口和通道设置的指示出口及方向的疏散标志灯和照亮疏散通道而设置的照明，目的是用以确保安全出口、通道能有效辨认和提供人员行进时能看清道路。一般在大型建筑和工业建筑中设置。

3　值班照明

在非工作时间供值班人员用的照明，如在非三班制生产的重要车间、非营业时间的大型商店的营业厅、仓库等通常设置值班照明。它对照度要求不高，可能利用正常工作照明中能单独控制的一部分，也可利用应急照明，对其电源无特殊要求。

4　警卫照明

在夜间为改善对人员、财产、建筑物、材料和设备的保卫，在重要的厂区、库区重要建筑物周围等，为了防范的需要，应根据警戒范围的需要而设置的照明。

5　障碍照明

为了保障航行安全在建筑物、构筑物等上面设置的照明。如在飞机场周围或城区建设的高楼、烟囱、水塔等，对飞机的航行或安全起降可能构成威胁，应按民航部门的规定，装设障碍标志灯作为指示的照明。

船舶在夜间航行时，在航道两侧或中间的建筑物、构筑物或其他障碍物，可能危及航行安全，应按交通部门有关规定，在有关建筑物、构筑物或障碍物上装设障碍标志灯作为指示的照明。

3.2　照明光源选择

3.2.1　选用的照明光源应符合国家现行相关标准的有关规定

照明光源的现行标准如下：

1　《单端荧光灯性能要求》GB/T 17268—1998

2　《单端荧光灯的安全要求》GB/T 16843—1997

3　《双端荧光灯性能要求》GB/T 10682—2002

4 《双端荧光灯的安全要求》GB/T 18774—2002

5 《普通照明用自镇流荧光灯性能要求》GB/T 17263—2002

6 《普通照明用自镇流荧光灯的安全要求》GB/T 16844—1997

7 《荧光高压汞灯泡》QB/T 2051—1994

8 《高压钠灯泡》GB 13259—1991

9 《单端金属卤化物灯》GB 18661—2002

10 《家庭和类似场所普通照明用卤钨灯的安全要求》GB 14196.2—2002

11 《家庭和类似场所普通照明用钨丝灯的安全要求》GB 14196.1—2002

12 《普通照明灯泡》GB 10681—89

13 《卤钨灯》GB/T 14094—1993

14 《自镇流荧光灯能效限定值及能效等级》GB 19044—2003

15 《双端荧光灯能效限定值及能效等级》GB 19043—2003

16 《单端荧光灯能效限定值及节能评价值》GB 19415—2003

17 《高压钠灯能效限定值及能效等级》GB 19573—2004

18 《单端金属卤化物灯能效限定值及能效等级》报批中

3.2.2 光源选择

选择电光源首先要满足照明设施的使用要求，如所要求的照度、显色性、色温、启动、再启动时间等；然后要考虑使用环境的要求，如使用场所的温度、是否采用空调、供电电压波动情况等；最后根据所选用光源一次性投资费用以及运行费用，经综合技术经济分析比较后，确定选用何种光源为最佳。

3.2.3 光源选择原则

光源选择的总原则是选用高光效、寿命长、显色性好的光源，虽价格较高，一次投资较大，但使用数量减少，运行维护费

22

用降低，在技术经济上还是合理的。

各种光源的光效、显色指数、色温和平均寿命等技术指标见表3.2.3-1。

表 3.2.3-1　　　　　　　各种电光源的技术指标

光源种类	额定功率范围（W）	光效（lm/W）	显色指数（Ra）	色温（K）	平均寿命（h）
普通照明用白炽灯	10～1500	7.3～25	95～99	2400～2900	1000～2000
卤钨灯	60～5000	14～30	95～99	2800～3300	1500～2000
普通直管形荧光灯	4～200	60～70	60～72	全系列	6000～8000
三基色荧光灯	28～32	93～104	80～98	全系列	12000～15000
紧凑型荧光灯	5～55	44～87	80～85	全系列	5000～8000
荧光高压汞灯	50～1000	32～55	35～40	3300～4300	5000～10000
金属卤化物灯	35～3500	52～130	65～90	3000/4500/5600	5000～10000
高压钠灯	35～1000	64～140	23/60/85	1950/2200/2500	12000～24000
高频无极灯	55～85	55～70	85	3000～4000	40000～80000

由表3.2.3-1可知，高压钠灯光效最高，主要用于道路照明；其次是金属卤化物灯，室内、外均可应用，一般低功率用于室内层高不太高的房间，而大功率应用于体育场馆以及建筑夜景照明等；荧光灯光效和金卤灯光效大体水平相同，在荧光灯中尤以稀土三基色荧光灯光效最高；高压汞灯光效较低；而卤钨灯和白炽灯光效最低。

1　细管径（≤26mm）直管形三基色T8和T5荧光灯，光效高（比T12粗管径荧光灯光效高60%～80%）、寿命长（12000h以上）、显色性好（Ra>80），适用于高度较低（4～4.5m）的房间，如办公室、教室、会议室以及仪表、电子等生产车间。

细管径荧光灯取代粗管径荧光灯的效果如表3.2.3-2所示。

表 3.2.3-2　细管径荧光灯取代粗管径荧光灯的效果

灯管径	镇流器种类	功率（W）	光通量（lm）	系统光效（lm/W）	替换方式	节电率或电费节省（%）
T12（38mm）	电感式	40（10）	2850	57	—	—
T8（26mm）三基色	电感式	36（9）	3350	74.4	T12→T8	25.4
T8（26mm）三基色	电子式	32（4）	3200	88.9	T12→T8	35.9
T5（16mm）	电子式	28（4）	2660	83.1	T12→T5	31.4

注：括弧内为镇流器功耗。

2　商店营业厅宜用细管径（≤26mm）直管形荧光灯取代粗管径（>26mm）荧光灯和普通卤粉荧光灯，光效可提高 10%以上。以紧凑型荧光灯取代普通用白炽灯光效可提高 4~6 倍；而采用更细管径的 T5 灯（管径 16mm）比三基色 T8 荧光灯可提高 10%的光效（在环境温度为 35℃时），也可采用 35W、70W 等小功率金属卤化物灯。

自镇流紧凑型荧光灯取代白炽灯的效果如表 3.2.3-3 所示。

表 3.2.3-3　自镇流紧凑型荧光灯取代白炽灯的效果

普通照明白炽灯（W）	由自镇流紧凑型荧光灯取代（W）	节电效果（W）（节电率%）	电费节省（%）
100	25	75（75）	75
60	16	44（73）	73
40	10	30（75）	75

3　高度大于 4.5m 的高大工业厂房应采用金属卤化物灯或高压钠灯。金属卤化物灯具有光效高（大于 80lm/W）、寿命长（大功率最高可达 10000h），显色性较好（>60）等优点，因而具有广阔应用前景；而高压钠灯光效在照明光源中为最高，一般可达 120lm/W，其寿命可达 12000h 以上，价格较低，但其显色性差，约为 21~25（高显色钠灯除外，但其光效较低），可用于辨色要求不高的场所，如锻工车间、炼铁车间、材料库、成品库等。

4 在高强度气体放电（HID）灯中，荧光高压汞灯光效较低，约为 32～55lm/W，寿命不是太长，最高可达 10000h，显色指数也不高，为 35～40，为节约电能，故不宜采用。自镇流高压汞灯光效更低。约为 12～25lm/W，寿命最高为 3000h，故更不应采用。

荧光高压汞灯由高压钠灯和金属卤化物灯取代的效果如表 3.2.3-4 所示。

表 3.2.3-4　荧光高压汞灯由高压钠灯和金属卤化物灯取代的效果

编号	灯种	功率（W）	光通量（lm）	光效（lm/W）	寿命（h）	显色指数（Ra）	替换方式	节电率或电费节省（%）
No—1	荧光高压汞灯	400	22000	55	15000	35	—	—
No—2	中显色性高压钠灯	250	22000	88	24000	65	No—1→No—2	37.5
No—3	金属卤化物灯	250	20000	80	20000	65	No—1→No—3	37.5
No—4	金属卤化物灯	400	35000	87.5	20000	65	No—1→No—4	0

5 白炽灯虽具有瞬时启动、安装和维护方便，光色好和价格低廉等优点，但其光效低，平均只有 9～15lm/W 的光效，而且寿命短，一般只有 1000h，一般情况不应采用普通照明用白炽灯。如果在特殊情况下需采用白炽灯时，为节约电能，只能采用 100W 以下的白炽灯。

3.2.4　可采用白炽灯的场所

1 要求瞬时启动和连续调光的场所。除了采用白炽灯外，采用其他光源要做到瞬时启动和连续调光较困难，且成本较高时应采用白炽灯。

2 防止电磁干扰要求严格的场所。因为采用气体放电灯会产生高次谐波，造成电磁干扰。

3 开关灯频繁的场所。因为气体放电灯开关频繁时会缩短灯的寿命，每开关一次，可缩短寿命 2～3h。

4 照度要求不高、点灯时间短的场所。因为在这种场所，使用白炽灯也不会消耗大量电能。

5 对装饰有特殊要求的场所。如使用紧凑型荧光灯不合适时，也可采用白炽灯。

3.2.5 应急照明用光源

应急照明用电光源要求瞬时点燃且很快达到标准流明值，常采用白炽灯、卤钨灯、荧光灯作为应急照明用光源。它们在正常照明因故断电后迅速启动点燃，且可在几秒内达到标准流明值；对于疏散标志灯可采用发光二极管（LED），而采用高强气体放电灯达不到上述要求。

3.2.6 光源的显色指数

应根据照明房间或场所对识别颜色要求和场所特点选用相应显色指数的光源。显色要求高的场所，如在博物馆识别彩画、彩色印刷车间，Ra 不应低于 90；在长期有人工作的房间或场所，其 Ra 不应小于 80；对于 6m 以上工业厂房的显色要求低或无要求的场所，可采用 Ra 小于 80 的光源。

3.3 照明灯具及其附属装置选择

3.3.1 照明灯具标准

选用的照明灯具应符合国家现行相关标准的有关规定，照明灯具的现行标准如下：

1 《灯具的一般要求与实验》GB 7000.1—2002

2 《应急照明灯具安全要求》GB 7000.2—1998

3 《庭院用可移式灯具安全要求》GB 7000.3—1996

4 《儿童感兴趣的可移式灯具的安全要求》GB 7000.4—1996

5 《道路和街道照明用灯具安全要求》GB 7000.5—1996

6 《内装变压器钨丝灯灯具的安全要求》GB 7000.6—1996

7 《投光灯具安全要求》GB 7000.7—1997

8 《游泳池和类似场所用灯具安全要求》GB 7000.8—1997

9 《灯串安全要求》GB 7000.9—1998

10 《固定式通用灯具安全要求》GB 7000.10—1999

11 《可移式通用灯具安全要求》GB 7000.11—1999

12 《嵌入式灯具安全要求》GB 7000.12—1999

13 《手提灯安全要求》GB 7000.12—1999

14 《通风式灯具安全要求》GB 7000.14—2000

15 《舞台、电视、电影、摄影室（室内外）灯具安全要求》GB 7000.15—2000

16 《医院和康复大楼诊所用灯具安全要求》GB 7000.16—2000

3.3.2 灯具光特性

灯具是能透光、分配和改变光源光分布的器具，它包括除光源外所有用于固定和保护光源所需的全部零部件，以及与电源连接所需的线路附件。灯具的光学特性通常以光强分布（配光）、遮光角、灯具效率三项指标来表示。

灯具通常按灯具向上、下两个半球空间发出的光通量比例来分类的方法，按此方法将室内灯具分为直接型、半直接型、间接—直接型（漫射型）、半间接型和间接型五类。

灯具的遮光角按光源平均亮度大小来确定遮光角大小。光源平均亮度小，则遮光角小；反之，则大。

本标准规定在满足眩光限制下和配光要求条件下，应选用灯具效率高的灯具。本标准规定了荧光灯灯具和高强度气体放电灯灯具的最低效率值，以利于节能。在满足眩光限制是指满足遮光角要求和根据该场所的室形指数来选择配光种类。如室形指数为5～1.7（室空间比为1～3）时，应选用宽配光灯具；室形指数为

1.7～0.8（室空间比为 3～6）时，选中配光灯具；如室形指数为 0.8～0.5（室空间比为 6～10）时，选用窄配光灯具。

标准规定的荧光灯灯具效率：开敞式为 75%、透明罩为 65%、磨砂罩或棱镜罩为 55%、格栅为 60%。

标准规定的高强度气体放电灯灯具效率：开敞式为 75%、格栅或透光罩为 60%。

3.3.3 特殊照明场所所用灯具

1 有蒸汽场所，当灯泡点燃时，由于温度升高，在灯具内产生正压，而灯泡熄灭后，由于灯具冷却，灯具内产生负压，将潮汽吸入，容易使灯具内积水。因此，规定在潮湿场所应采用相应防护等级的防水灯具，至少也应采用带防水灯头的开敞式灯具。

2 有腐蚀性气体或蒸汽的场所，因各种介质的危害程度不同，所以对灯具的要求也不同。若采用密封式灯具，应采用耐腐蚀材料制作；或采用带防水灯头的开敞式灯具，各部件应有防腐蚀或防水措施。

3 在高温场所，宜采用带散热构造和措施的灯具，或带散热孔的开敞式灯具。

4 有尘埃场所，应按防尘等级选择适宜的灯具。

5 有振动和摆动较大的场所，由于振动对光源寿命影响较大，甚至可能使灯泡自动松脱掉下，既不安全，又增加了维修工作量和费用。因此，在此种场所应采用防振型软性连接的灯具或防振的安装措施，并在灯具上加保护网，以防止灯泡掉下。

6 光源可能受到机械损伤或自行脱落的场所，有可能造成人员伤害和财产损失，应采用有保护网的灯具。如在生产高精密贵重产品的高大工业厂房等场所。

7 有爆炸和火灾危险的场所，其所使用的灯具，应符合国家现行相关标准和规范等的有关规定。如《爆炸和火灾危险环境电力设计规范》。

8 有洁净要求的场所，应安装不易积尘和易于擦拭的洁净灯具，以有利于保持场所的洁净度，并减少维护的工作量和费用。

9 需防止紫外线作用的场所，如在博物馆的展室或陈列柜，对于需防止紫外线作用的彩绘、织品等展品，需采用能隔紫外线的灯具和无紫光源。

3.3.4 直接安装在可燃材料表面上的灯具

当灯具发热部件紧贴在可燃材料表面上时，必须采用带有 $\overline{\underset{F}{\triangledown}}$ 标志的灯具。以免采用一般灯具，导致可燃材料的燃烧，发生火灾事故。

3.3.5 选择镇流器的原则

1 采用电子镇流器，使灯管在高频条件下工作，可提高灯管光效和降低镇流器的自身功耗，有利于节能，并且发光稳定，消除了频闪和噪声，有利于提高灯管的寿命。目前我国的自镇流荧光灯大部分采用电子镇流器。

2 T8直管形荧光灯应配用电子镇流器或节能型电感镇流器，不宜配用功耗大的传统电感镇流器，以提高光效；T5直管形荧光灯（大于14W）的应采用电子镇流器，因电感镇流器不能可靠启动 T5 灯管。

3 根据有关资料，当采用高压钠灯和金属卤化物灯时，宜配用节能型电感镇流器，它比普通电感镇流器节能；这类光源的电子镇流器有时尚不够稳定。对于功率小于或等于 150W 的高压钠灯和金属卤化物灯可配用电子镇流器，可以节能。但功率大于或等于 250W 时，使用电子镇流器不一定节能。

4 采用的镇流器应符合该镇流器的国家能效标准的规定。镇流器的现行标准如下：

1)《管形荧光灯用交流电子镇流器一般要求和安全要求》GB 15143—1994

2）《管形荧光灯用交流电子镇流器一般要求和性能要求》GB/T 15144—1994

3）《放电灯（管形荧光灯除外）用镇流器的一般要求和安全要求》GB 10045—1993

4）《荧光高压汞灯泡用镇流器性能要求》QB/T 2052—94

5）《高压钠灯镇流器性能要求》GB/T 15042—94

6）《单端金属卤化物灯 LC 顶峰超前式镇流器性能要求》QB/T 2511—2001

7）《管形荧光灯镇流器能效限定值及节能评价值》GB 17896—1999

8）《高压钠灯镇流器能效限定值及节能评价值》，GB 19574—2004

9）《单端金属卤化物灯镇流器能效限定值及节能评价值》，报批中

5 国产 36W 荧光灯用镇流器性能对比见表 3.3.5。

表 3.3.5 国产 36W 荧光灯用镇流器性能对比表

比较对象	普通电感镇流器	节能型电感镇流器	电子镇流器
自身功耗（W）	8～9	<5	3～5
系统光效比	1	1	1.2
价格比较	低	中	较高
重量比	1	1.5 左右	0.3 左右
寿命（年）	15～20	15～20	5～10
可靠性	较好	好	较好
电磁干扰（EMI）或无线电干扰（RFI）	较小	较小	在允许范围内
灯光闪烁度	有	有	无
系统功率因数	0.4～0.6（不补偿）	0.4～0.6（不补偿）	0.9 以上

4 照明数量和质量

4.1 照　度

4.1.1 照度标准值分级

照度是照明的数量指标。照度标准值是在照明设计时所选用的照度值，不能随意选用照度标准值，必须按照本标准规定的照度标准值分级选用，如不能选在本标准照度标准值分级中未规定的照度值如 250lx、400lx 等。本标准中的照度分级与 CIE 标准《室内工作场所照明》S 008/E—2001 的分级大体一致。相邻照度分级差值大约为 1.5 倍，即在主观效果上明显感觉到的最小变化。为了适应我国情况，照度分级向低照度水平延伸到 0.5lx，与原照明设计标准的分级基本一致。

4.1.2 照度标准值用维持平均照度评价

本标准规定的照度值均为作为作业面或参考平面上的维持平均照度值。所谓作业面或参考平面，一般是指距地面为 0.75m 的水平面，特定情况下是指桌面、台面、地面、展品面以及实际工作面等。工作面也可能是水平的、垂直的和倾斜的。在体育场馆一般是指距地 1m 高的水平面或垂直面，但有时因运动项目不同可能其工作面高度不同。在工业建筑的车间，其工作面高度有时由作业不同而定。

本标准修改了原标准规定的低、中、高的三档照度标准值。原《民用建筑照明设计标准》和《工业企业照明设计标准》是参照 CIE 29/2—1986 出版物制订的，因为 CIE 已废除了 29/2 号出版物，启用了新的 CIE 标准《室内工作场所照明》S 008/E—2001。在新标准中只规定一个固定照度值，废除了低、中、高三档照度值。本标准为了与国际标准接轨，也采用一个固定照度值。

4.1.3 提高一级照度标准值的条件

本标准虽然规定了一个固定的照度标准值，但也有相当的灵活性，当符合本标准中某些特殊条件之一及以上时，作业面或参考平面的照度，可按照度标准值分级提高或降低一级。无论符合几个条件，为了节约电能和视觉安全和功效，只能提高或降低一级，不能无限制地提高或降低。提高一级照度标准值条件如下：

1 识别对象的最小尺寸小于或等于 0.6mm 的视觉要求高的精细作业场所，当眼睛至识别对象距离大于 500mm 时。

2 连续长时间紧张的视觉作业是指视觉注视工作面的时间占全班工作时间大于 70% 时，因为时间过长而且紧张，提高照度有利于缓解视疲劳及提高工作安全及工作效率。

3 识别移动对象、要求识别时间短促（一刹那），而且辨认又困难时，如在验布机上识别移动布上的极小疵点等。

4 识别作业，操作安全有重要影响时，如切割作业等。

5 识别对象亮度对比小于 0.3 时。

6 作业精度要求较高，且产生差错会造成重大财产经济损失时，如宝石以及贵重金属加工等。

7 视觉能力低于正常视觉能力的，如近视眼、老年人因视力降低而视力低下等。

8 建筑等级和功能要求高的，如国家级及其他重要的大型公共建筑照明等。

4.1.4 降低一级照度标准值的条件

1 进行很短时间的作业的，如作业时间小于全班工作时间的 30% 时。

2 作业精度或速度无关紧要的，如只是一般作业，巡视和观察作业等。

3 建筑等级和功能要求较低的，如在一般县级城市以下的建筑照明等。

4.1.5 作业面邻近周围的照度

原工业和民用照明设计标准均无此规定，系新增加条文，本条是按照 CIE 新标准规定的。邻近周围系指作业面外 0.5m 范围之内，这是因为邻近周围照度与作业面的照度有关，若作业面周围照度分布迅速下降，照度变化太大，会引起视觉困难和明暗不适应的不舒适感。为了提供视野内的照度（或亮度）的良好明适应水平，邻近周围的照度不得低于本标准表 4.1.5 的数值。此表与 CIE 标准《室内工作场所照明》S 008/E—2001 的规定完全一致。在作业面照度 300lx、500lx 和 750lx 时，在数量上分别只低于该作业面照度一级。在作业面照度小于或等于 200lx 时，作业面邻近周围照度值与作业面照度相同。

4.1.6 维护系数值

为使照明场所的实际照度在使用周期内不低于规定的维持平均照度，在照明计算时，应考虑随照明装置使用时间的延长，光源发出的光通量会逐渐减少以及灯具和房间各表面的污染加重，而引起照明场所照度的降低。因此，在照明设计时，必须打出高于维持平均照度值的余量，这个余量就是考虑维护系数时的数值，用此系数值计入计算照度标准值公式中就是设计的初始照度，初始照度大于维持平均照度。本标准的维护系数值是按光源光通量衰减到其平均寿命的 70% 和灯具每年擦拭次数为 2~3 次确定的。维护系数是小于 1 的系数。

4.1.7 设计照度值偏差

考虑到照明设计时布灯的需要和光源功率和光通量的变化非

连续的实际情况，根据我国情况，规定了设计照度值与照度标准值比较可有 - 10% ~ + 10% 的偏差。此偏差只适用于装 10 个灯具以上的照明场所；当小于 10 个灯具时，允许适当超过此偏差。

4.2 照度均匀度

4.2.1 照度均匀度值

本标准规定了公共建筑房间和工业建筑作业区域内的一般照明的照度均匀度，不应小于 0.7，而在原民用和工业照明设计标准中规定"不宜"小于 0.7。本标准规定比原标准规定提高到"不应"档次，说明照明质量要求提高。根据现场的实测调查和设计普查，照度均匀度多数在 0.7 以上，现实上可以做到的。但本标准对于居住建筑未作规定，也是符合居住建筑实际情况的，因有时很难达到此要求。此外，本标准参照 CIE 标准的规定，新增加了作业面邻近周围的照度均匀度不应小于 0.5 的规定，这表明对作业面邻近周围的照明质量提出了新要求，提高了照明舒适度。

4.2.2 作业区域与非作业区域照度比值

原标准规定工作场所内的走道和非作业区域的一般照明照度不宜小于作业区域一般照明照度的 1/5，而新标准规定房间或场所内的通道和其他非作业区域的一般照明的照度不宜小于作业区域一般照明照度的 1/3，这说明新标准提高照度均匀度，使照明环境的质量提高了。

4.2.3 有彩电转播要求的体育场馆的照度均匀度

本标准对于主摄像方向上的各种照度均匀度作了详细的规定。此规定是根据 CIE 83 号（1989）出版物《体育比赛用的彩色电视和摄影系统的照明指南》制订的。一般计算场地上各点四个垂直面上的照度，面向主摄像方向各点的垂直面的垂直照度最小值与最大值之比不宜小于 0.4；而面向主摄像方向上各点垂直面的垂直照度与场地 1m 高水平面的各点的平均照度之比不宜小于 0.25；场地各计算点中的水平照度最小值与最大值之比不宜小于 0.5；观众席前排（指主席台前各排）的平均垂直照度不宜小于场地平均垂直照度的 0.25。对于无彩电转播的体育场馆的照度均匀度应执行 4.2.1 条规定，即场地水平照度的最小值与场地平均照度值之比不应小于 0.7 的规定。

4.3 眩光限制

4.3.1 灯具的遮光角

眩光限制首先应从直接型灯具的遮光角来加以限制，新标准的灯具遮光角对原标准的遮光角作了修订。原标准是按灯具的出光口的平均亮度和直接眩光的限制等级（工业标准分为五等，民用标准分为三等）来规定直接型灯具的遮光角；而新标准只按四种光源平均亮度范围来规定遮光角大小。一般灯的平均亮度在 $1 \sim 20kcd/m^2$ 范围，需 10° 的遮光角；$20 \sim 50kcd/m^2$ 范围，需 15° 的遮光角；在 $50 \sim 500kcd/m^2$ 范围，需 20° 的遮光角；在大于等于 $500kcd/m^2$ 时，遮光角为 30°。本标准规定的灯具遮光角是等同采用 CIE 标准《室内工作场所照明》 S 008/E—2001 的规定。适用于长时间有人工作的房间或场所内。各种灯的平均亮度值见表 4.3.1。

表 4.3.1　各种灯的亮度值

灯种类	亮度值（cd/m²）	灯种类	亮度值（cd/m²）
普通照明白炽灯	$10^7 \sim 10^8$	紧凑型荧光灯	$(5 \sim 10) \times 10^4$
管形卤钨灯	$10^7 \sim 10^8$	荧光高压汞灯	$\approx 10^5$
低压卤钨灯	$10^7 \sim 10^8$	高压钠灯	$(6 \sim 8) \times 10^6$
直管形荧光灯	$\approx 10^4$	金属卤化物灯	$(5 \sim 7) \times 10^6$

4.3.2 统一眩光值（UGR）

原工业和民用照明标准规定室内一般照明的直接眩光是根据灯具亮度限制曲线进行限制，这种方法限制只是针对单个灯具的直接眩光，并不能表征室内所有灯具产生的总的眩光效应。因此，国际照明委员会废除了在 CIE29/2 号报告所提出的灯具亮度限制曲线的方法。早在 1979 年以前，国际上尚无统一的眩光计算式，但是照明技术的飞速发展，要求眩光计算和评价有一个统一方法，并可用计算机编程。在 1979 年的 19 届大会上，南非的艾因霍恩（Einhorn）在综合各国眩光计算公式的基本上，提出了一个可行的数学折衷公式。并将此公式在 CIE 第 55 号（1983 年）出版物《室内工作环境的不舒适眩光》中发表，但此公式只是过渡性公式，后来将此公式简化，在综合美国和英国眩光计算方法的基础上提出了 CIE 的统一眩光值（Unified Glare Rating，简称 UGR）计算公式，并作为 CIE 第 117 号出版物《室内照明的不舒适光》（1995）予以发表。本标准采用 CIE 的 UGR 来评价照明眩光。

统一眩光值（UGR）计算如（4.3.2-1）式所示：

$$UGR = 8lg \frac{0.25}{L_b} \Sigma \frac{L_\alpha^2 \cdot \omega}{P^2} \qquad (4.3.2-1)$$

式中　L_b——背景亮度（cd/m²）；

　　　L_α——观察者方向每个灯具的亮度（cd/m²）；

　　　ω——每个灯具发光部分对观察者眼睛所形成的立体角（sr）；

　　　P——每个单独灯具的古斯位置指数。

其中 α 为眼睛的观察方向与被照射表面法线的夹角。

一般照明灯具布置示意图及观测位置见图 4.3.2-1。

纵向观测：x＝横向尺寸　　　横向观测：x＝纵向尺寸

　　　　　　y＝纵向尺寸　　　　　　　　y＝横向尺寸

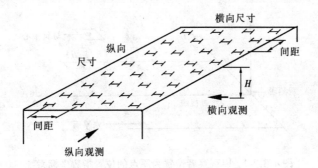

图 4.3.2-1 用同一种灯具以相同间距安装在
一个水平面平面上一般照明的布置

1 背景亮度 L_b 应按（4.3.2-2）式确定：

$$L_b = \frac{E_i}{\pi} \qquad (4.3.2-2)$$

式中 E_i——观察者眼睛方向的间接照度（lx）；即眼睛所看到
灯具亮度的背景照度。此计算一般用计算机完成。

2 灯具亮度 L_α 应按（4.3.2-3）式确定：

$$L_\alpha = \frac{I_\alpha}{A \cdot \cos\alpha} \qquad (4.3.2-3)$$

式中 I_α——观察者眼睛方向的灯具发光强度（cd）；

$A \cdot \cos\alpha$——灯具发光部分在观察者眼睛方向的投影面积（m^2）；

α——灯具表面法线与观察者眼睛方向所夹的角度（°）；

A——灯具发光部分的面积（m^2）。

3 立体角 ω 应按（4.3.2-4）式确定：

$$\omega = \frac{A_p}{r^2} \qquad (4.3.2-4)$$

式中 A_p——灯具发光部件在观察者眼睛方向的表观面积（m^2）；

r——灯具发光部件中心到观察者眼睛之间的距离（m）。

4 古斯位置指数 P 应按图 4.3.2-2 生成的 H/R 和 T/R 的
比值由表 4.3.2 确定。

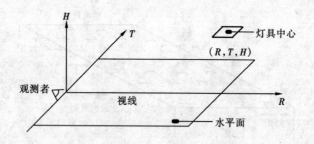

图 4.3.2-2 以观察者位置为原点的位置指数坐标系统

$(R，T，H)$，对灯具中心生成 H/R 和 T/R 的比值。

位置指数是根据表 4.3.2 从参数 T/R 和 H/R 用插值法得到的。表格仅列出了这个参数的非负数数值，即仅取 T/R 的绝对值生成的数据。

建议灯具的 T/R 值如果超出表格范围（从 0 到 3）后忽略不计。另外 H/R 数值大时，在表格中某些位置是空的。这些位置是被观察者的眼眶和前额所遮挡的位置，此时灯具无眩光感。

公式法适用于标准状况及特殊情况，能够准确地预测不舒适眩光。

统一眩光值（UGR）的应用条件：

1 UGR 适用于简单的立方体形房间的一般照明装置设计，不适用于采用间接照明和发光天棚的房间；

2 适用于灯具发光部分对眼睛所形成的立体角为 $0.1sr > \omega > 0.0003sr$ 的情况；

3 同一类灯具为均匀等间距布置；

4 灯具为双对称配光；

5 坐姿观测者眼睛的高度通常取 1.2m，站姿观测者眼睛的高度通常取 1.5m；

6 观测位置一般在纵向和横向两面墙的中点，视线水平朝前观测；

7 房间表面为大约高出地面 0.75m 的工作面、灯具安装表面以及此两个表面之间的墙面；

表 4.3.2 位置指数表

H/R \ T/R	0.00	0.10	0.20	0.30	0.40	0.50	0.60	0.70	0.80	0.90	1.00	1.10	1.20	1.30	1.40	1.50	1.60	1.70	1.80	1.90
0.00	1.00	1.26	1.53	1.90	2.35	2.86	3.50	4.20	5.00	6.00	7.00	8.10	9.25	10.35	11.70	13.15	14.70	16.20	—	—
0.10	1.05	1.22	1.45	1.80	2.20	2.75	3.40	4.10	4.80	5.80	6.80	8.00	9.10	10.30	11.60	13.00	14.60	16.10	—	—
0.20	1.12	1.30	1.50	1.80	2.20	2.66	3.18	3.88	4.60	5.50	6.50	7.60	8.75	9.85	11.20	12.70	14.00	15.70	—	—
0.30	1.22	1.38	1.60	1.87	2.25	2.70	3.25	3.90	4.60	5.45	6.45	7.40	8.40	9.50	10.85	12.10	13.70	15.00	—	—
0.40	1.32	1.47	1.70	1.96	2.35	2.80	3.30	3.90	4.60	5.40	6.40	7.30	8.30	9.40	10.60	11.90	13.20	14.60	16.00	—
0.50	1.43	1.60	1.82	2.10	2.48	2.91	3.40	3.98	4.70	5.50	6.40	7.30	8.30	9.40	10.50	11.75	13.00	14.40	15.70	—
0.60	1.55	1.72	1.98	2.30	2.65	3.10	3.60	4.10	4.80	5.50	6.40	7.35	8.40	9.40	10.50	11.70	13.00	14.10	15.40	—
0.70	1.70	1.88	2.12	2.48	2.87	3.30	3.78	4.30	4.88	5.60	6.50	7.40	8.50	9.50	10.50	11.70	12.85	14.00	15.20	—
0.80	1.82	2.00	2.32	2.70	3.08	3.50	3.92	4.50	5.10	5.75	6.60	7.50	8.60	9.50	10.60	11.75	12.80	14.00	15.10	—
0.90	1.95	2.20	2.54	2.90	3.30	3.70	4.20	4.75	5.30	6.00	6.75	7.70	8.70	9.65	10.75	11.80	12.90	14.00	15.00	16.00
1.00	2.11	2.40	2.75	3.10	3.50	3.91	4.40	5.00	5.60	6.20	7.00	7.90	8.80	9.75	10.80	11.90	12.95	14.00	15.00	16.00
1.10	2.30	2.55	2.92	3.30	3.72	4.20	4.70	5.25	5.80	6.55	7.20	8.15	9.00	9.90	10.95	12.00	13.00	14.00	15.00	16.00
1.20	2.40	2.75	3.12	3.50	3.90	4.35	4.85	5.50	6.05	6.70	7.50	8.30	9.20	10.00	11.02	12.10	13.10	14.00	15.00	16.00
1.30	2.55	2.90	3.30	3.70	4.20	4.65	5.20	5.70	6.30	7.00	7.70	8.55	9.35	10.20	11.20	12.25	13.20	14.00	15.00	16.00
1.40	2.70	3.10	3.50	3.90	4.35	4.85	5.35	5.85	6.50	7.25	8.00	8.70	9.50	10.40	11.40	12.40	13.25	14.05	15.00	16.00

H/R T/R	0.00	0.10	0.20	0.30	0.40	0.50	0.60	0.70	0.80	0.90	1.00	1.10	1.20	1.30	1.40	1.50	1.60	1.70	1.80	1.90
1.50	2.85	3.15	3.65	4.10	4.55	5.00	5.50	6.20	6.80	7.50	8.20	8.85	9.70	10.55	11.50	12.50	13.30	14.05	15.02	16.00
1.60	2.95	3.40	3.80	4.25	4.75	5.20	5.75	6.30	7.00	7.65	8.40	9.00	9.80	10.80	11.75	12.60	13.40	14.20	15.10	16.00
1.70	3.10	3.55	4.00	4.50	4.90	5.40	5.95	6.50	7.20	7.80	8.50	9.20	10.00	10.85	11.85	12.75	13.45	14.20	15.10	16.00
1.80	3.25	3.70	4.20	4.65	5.10	5.60	6.10	6.75	7.40	8.00	8.65	9.35	10.10	11.00	11.90	12.80	13.50	14.20	15.10	16.00
1.90	3.43	3.86	4.30	4.75	5.20	5.70	6.30	6.90	7.50	8.17	8.80	9.50	10.20	11.00	12.00	12.82	13.55	14.20	15.10	16.00
2.00	3.50	4.00	4.50	4.90	5.35	5.80	6.40	7.10	7.70	8.30	8.90	9.60	10.40	11.10	12.00	12.85	13.60	14.30	15.10	16.00
2.10	3.60	4.17	4.65	5.05	5.50	6.00	6.60	7.20	7.82	8.45	9.00	9.75	10.50	11.20	12.10	12.90	13.70	14.35	15.10	16.00
2.20	3.75	4.25	4.72	5.20	5.60	6.10	6.70	7.35	8.00	8.55	9.15	9.85	10.60	11.30	12.10	12.90	13.70	14.40	15.15	16.00
2.30	3.85	4.35	4.80	5.25	5.70	6.22	6.80	7.40	8.10	8.65	9.30	9.90	10.70	11.40	12.20	12.95	13.70	14.40	15.20	16.00
2.40	3.95	4.40	4.90	5.35	5.80	6.30	6.90	7.50	8.20	8.80	9.40	10.00	10.80	11.50	12.25	13.00	13.75	14.45	15.20	16.00
2.50	4.00	4.50	4.95	5.40	5.85	6.40	6.95	7.55	8.25	8.85	9.50	10.05	10.85	11.55	12.30	13.00	13.80	14.50	15.25	16.00
2.60	4.07	4.55	5.05	5.47	5.95	6.45	7.00	7.65	8.35	8.95	9.55	10.10	10.90	11.60	12.32	13.00	13.80	14.50	15.25	16.00
2.70	4.10	4.60	5.10	5.53	6.00	6.50	7.05	7.70	8.40	9.00	9.60	10.16	10.92	11.63	12.35	13.00	13.80	14.50	15.25	16.00
2.80	4.15	4.62	5.15	5.56	6.05	6.55	7.08	7.73	8.45	9.05	9.65	10.20	10.95	11.65	12.35	13.00	13.80	14.50	15.25	16.00
2.90	4.20	4.65	5.17	5.60	6.07	6.57	7.12	7.75	8.50	9.10	9.70	10.23	10.95	11.65	12.35	13.00	13.80	14.50	15.25	16.00
3.00	4.22	4.67	5.20	5.65	6.12	6.60	7.15	7.80	8.55	9.12	9.70	10.23	10.95	11.65	12.35	13.00	13.80	14.50	15.25	16.00

除 UGR 的定量化评价的计算公式外，尚有查表法和限制曲线法。查表法一般应由灯具生产厂家提供，未经修正的 UGR 平均值可由 UGR 的详表和简表查出，然后用灯具中的光源光通量、发光面积、灯具效率以及背景亮度修正等。限制曲线法的误差较大，不能用于特殊情况，不宜推广使用。

4.3.3 室外体育场地的眩光值（GR）

GR 值应按（4.3.3-1）式计算：

$$GR = 27 + 24\lg(L_{vl}/L_{ve}^{0.9}) \qquad (4.3.3\text{-}1)$$

式中 L_{vl}——由灯具发出的光直接射向眼睛所产生的光幕亮度（cd/m^2）；

L_{ve}——由环境引起直接入射到眼睛的光所产生的光幕亮度（cd/m^2）。

1 由灯具产生的光幕亮度应按（4.3.3-2）式确定：

$$L_{vl} = 10\sum_{i=1}^{n}\frac{E_{eyei}}{\theta_i^2} \qquad (4.3.3\text{-}2)$$

式中 E_{eyei}——观察者眼睛上的照度，该照度是在视线的垂直面上，由 i 个光源所产生的照度（lx）；

θ_i——观察者视线与 i 个光源入射在眼睛上的方向所形成的角度（°）；

n——光源总数。

2 由环境产生的光幕亮度应按（4.3.3-3）式确定：

$$L_{ve} = 0.035L_{av} \qquad (4.3.3\text{-}3)$$

式中 L_{av}——可看到的水平照射场地的平均亮度（cd/m^2）。

3 平均亮度 L_{av} 应按（4.3.3-4）式确定：

$$L_{av} = E_{horav} \cdot \rho/\pi\Omega_0 \qquad (4.3.3\text{-}4)$$

式中 E_{horav}——照射场地的平均水平照度（lx）；

ρ——漫反射时区域的反射比；

Ω_0——1 个单位立体角（sr）。

眩光值（GR）的应用条件：

1　本计算方法用于常用条件下，满足照度均匀度的室外体育场地的各种照明布灯方式；

2　用于视线方向低于眼睛高度；

3　看到的背景是被照场地；

4　眩光值计算用的观察者位置可采用计算照度用的网格位置，或采用标准的观察者位置；

5　可按一定数量角度间隔（5°……45°）转动选取一定数量观察方向。

4.3.4　防止光幕反射和反射眩光

由特定表面产生的反射光，如从光泽的表面产生的反射光，会引起眩光，通常称为光幕反射或反射眩光。它将会改变作业面的可见度，使可见度降低，往往不易识别物体，甚至是有害的。通常可采取以下措施来减少光幕反射和反射眩光。

1　避免将灯具安装在干扰区内，这主要从灯具和作业位置布置来考虑。如灯布置在工作位置的正前上方 40°角以外区域（见图 4.3.4-1），可避免光幕反射。又例如灯具布置在阅读者的

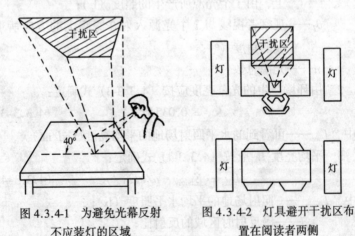

图 4.3.4-1　为避免光幕反射　　　图 4.3.4-2　灯具避开干扰区布
不应装灯的区域　　　　　　　　置在阅读者两侧

两侧，或在单侧布灯灯宜布置在左侧，从两侧或单侧（左侧）来光，可避免光幕反射（见图4.3.4-2）。

2 从房间各表面采用的装饰材料方面考虑，应采用低光泽度的材料。如采用无光漆、无光泽涂料、麻面墙纸等漫反射材料。

3 限制灯具本身的亮度，如采用格片、漫反射罩等，限制灯具表面亮度不宜过高。

4 照亮顶棚和墙表面，以降低亮度对比，减弱眩光，但要注意不要在表面上出现光斑。

4.3.5 限制视觉显示终端（VDT）的眩光

有视觉显示终端的工作场所照度应限制灯具中垂线以上等于或大于65°高度角的亮度。灯具在该角度上的平均亮度值宜符合本标准4.3.5条的规定。本条等同采用 CIE 标准《室内工作场所照明》S008/E-2001 的规定。

本标准按 ISO 9241—7 的屏幕分类将其分为Ⅰ、Ⅱ、Ⅲ三类，其屏幕质量分为好、中等、差三等。屏幕质量好和中等的，其灯具平均亮度值可高些，其亮度小于或等于 1000cd/m²；而屏幕质量差的，其灯具平均亮度值可低些，其亮度小于或等于 200cd/m²。但是本标准的规定只适用于屏幕仰角小于或等于 15°的显示屏；对于某些特定场所，如敏感的屏幕或仰角可变的屏幕，表中亮度值应用在更低的灯具高度角（如 55°）上。

4.4 光 源 颜 色

4.4.1 光源的色表

室内照明光源的色表用其色温或相关色温来表征。室内照明用的光源色表可分为Ⅰ、Ⅱ、Ⅲ三组。Ⅰ组为暖色表的光源，其色温或相关色温为小于 3300K，一般常用于家庭的起居室、卧室、病房或天气寒冷的地方等；Ⅱ组属中间色表的光源，其相关色温在 3300K~5300K 之间，常用于办公室、教室、诊室、仪表装配、制药车间等；Ⅲ组属于冷色表的光源，一般常用于热加工车间、高照度场所以及天气炎热地区等。色温用于表征热辐射光源（白炽灯、卤钨灯等）的色表，而相关色温用于表征气体放电光源的色表。色温度正好在完全辐射体轨迹（黑体）的色温轨迹上，而气体放电光源的相关色温在完全辐射体（黑体）附近，具体的光源色温和光源色见表 4.4.1 和图 4.4.1。色温度可在现场或在实验室测得。

表 4.4.1 各种光源的色温

光源种类	色温（K）	光源种类	色温（K）
蜡烛	1925	暖白色荧光灯	2700~2900
煤油灯	1920	钠铊铟灯	4200~5000
钨丝白炽灯（10W）	2400	镝钬灯	6000
钨丝白炽灯（100W）	2740	钪钠灯	3800~4200
钨丝白炽灯（1000W）	2920	高压钠灯	2100
日光色荧光灯	6200~6500	高压汞灯	3300~4300
冷白色荧光灯	4000~4300	高频无极灯	3000~4000

4.4.2 照明光源的显色指数

照明光源的显色指数分为一般显色指数（Ra）和特殊显色指数（Ri）。Ra 是由规定的八个有代表性的色样（CIE1974 色样）在被测光源和标准的参照光源照射下逐一进行对比，确定每种色样在两种光源照射下的色差 ΔE_i，然后按（4.4.2-1）式计算显色指数：

$$Ri = 100 - 4.6\Delta E_i \qquad (4.4.2-1)$$

而一般显色指数 Ra 是八个色样的特殊显色指数的平均值按（4.4.2-2）式确定：

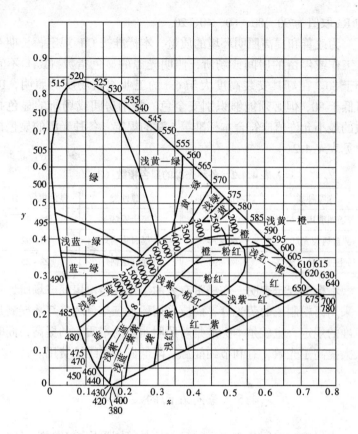

图 4.4.1　CIE（1931 年）色度图与 Kelly 的光源色的色名

$$Ra = \frac{1}{8}\sum_{i=1}^{8} Ri \qquad (4.4.2\text{-}2)$$

人工照明一般用 Ra 作为评价光源的显色性指标。光源显色性指数越高，其显色性越好，颜色失真小，最高值为 100，即被测光源的显色性与标准的参照光源的显色性完全相同。一般认为 Ra 为 80～100 显色性优良，Ra 为 50～79 显色性一般，Ra 小于 50 显色性较差。

为改善和提高照明环境的质量，本标准中的 Ra 是根据 CIE 标准《室内工作场所照明》S008/E—2001 的规定制定，标准中的 Ra 取值为 90、80、60、40、20。

为改善和提高照明环境的质量，本标准按 CIE 规定，长期有人工作或停留的房间或场所，照明光源的显色指数（Ra）不宜小于 80。在灯具安装高度大于 6m 的工业建筑场所的照明，Ra可低于 80，但必须能够识别安全色。常用房间或场所的显色指数的最小允许值应符合本标准第 5 章的规定。各种光源的显色指数见表 4.4.2。

表 4.4.2　各种光源的显色指数（Ra）

光源种类	显色指数（Ra）	光源种类	显色指数（Ra）
普通照明用白炽灯	95～100	高压汞灯	35～40
普通荧光灯	60～70	金属卤化物灯	65～92
稀土三基色荧光灯	80～98	普通高压钠灯	23～25

本标准规定表明，在经常有人的工作或停留房间或场所，不应采用卤粉制成的荧光灯，而应采用稀土三基色荧光灯才能满足标准的规定，也就是本标准是对照明质量的本质上的提高，同时大大提高了光效，有利节约能源，降低成本和维护费用。

4.5　房间表面的反射比

本标准的房间各个表面的反射比是等同采用 CIE 标准《室内工作场所照明》S008/E—2001 的规定制定的，与原工业与民用照明标准规定的反射比范围稍有扩大。原标准顶棚反射比为 0.7～0.8，而新标准为 0.6～0.9；原标准墙面反射比为 0.5～0.7，而新标准为 0.3～0.8；原标准地面反射比为 0.2～0.4，而新标准为 0.1～0.5。新标准对作业面的反射比为 0.2～0.6，而原标准无此规定。规定反射比的目的在于使视野内亮度分布控制在眼睛能适应的水平上。良好的适应亮度可以提高视觉敏锐度和眼睛的视觉功效。视野内不同亮度分布也影响视觉舒适度，应当避免由于眼睛不断地适应和调解引起的视疲劳或过低的亮度对比。

5 照度标准值的制订

为了掌握现阶段我国建筑照明的现状，为制订我国建筑照明设计标准和节能设计标准提供参考数据，根据编制组的工作计划，于2002年按大区对我国沈阳、西安、成都、上海、广州、北京等部分城市的若干建筑的照明现状进行了调研。

调研分重点调查和普查两种。

重点调查以标准的主编单位中国建筑科学研究院为主，在京部分参编单位为辅组成调研小组依次赴沈阳、西安、成都、上海、广州、北京，分别在当地的编制组设计院成员协助下对建成建筑的场所或房间的照明进行现场测量工作。调查的项目包括：照度、照度均匀度、光源、灯具、镇流器、照明方式、照明控制方式、总照明功耗、维护与管理等使用情况。

普查则先由编制组制定统一表格、明确普查数量、项目和要求，后交参与编制工作的各设计院人员完成。和重点调查相比，普查项目有些变化，少了场所信息和维护管理信息。更重要的是根据设计工作的实际情况少了实测照度和照度均匀度而多了设计照度。要求各设计院将上世纪九十年代以来新建建筑尽可能收集进来，以便更好地反映当前我国建筑照明的水平。

5.1 居住建筑

居住建筑的照度标准值是根据对我国六大区的 35 户新建居住建筑照明调研结果，并参考原国家标准《民用建筑照明设计标准》GBJ 133—90 以及一些国家的照明标准，经综合分析研究后制订的。

居住建筑不同于其他类型的建筑，由于户主入住后对住宅的照明布置千变万化，所以居住建筑只做了重点调查，不便做普查。共完成了6个城市35个居住建筑的34个起居室，31个主卧室，36个次卧室，17个书房，22个餐厅，29个厨房，31个卫生间的实测调查。

1　重点调研结果

1）光源

居住建筑起居室、卧室、餐厅、厨房、卫生间大部分采用白炽灯、暖色表节能灯以得到温暖的气氛；餐厅多采用节能灯、白炽灯、环形荧光灯；厨房多采用白炽灯、节能灯及荧光灯；卫生间多采用白炽灯。

2）灯具

居住建筑起居室大都采用花灯、筒灯、吸顶灯、落地灯、桌面台灯；卧室多采用花灯、吸顶灯、床头上的两个壁灯、台灯；餐厅所用灯具有以节能灯作光源的筒灯、水晶花灯、壁灯、射灯；卫生间大都采用荧光灯作镜前灯加白炽灯或节能灯作光源的筒灯。

光源和灯具的选择受住户的文化素质、兴趣爱好、经济条件等影响，差异很大，有的典雅清新、有的雍容华贵。

3）平均照度

各类房间的平均照度值及其所占比例见表5.1-1。

表5.1-1　各类房间的平均照度值及其所占比例

平均照度 E_{av} (lx)	照度范围	$E_{av} < 50$	$50 \leqslant E_{av} < 150$	$150 \leqslant E_{av} < 250$	$250 \leqslant E_{av} < 350$	$350 \leqslant E_{av} < 450$	$E_{av} \geqslant 450$
	中间值	—	100	200	300	400	—
房间数量及其所占的百分比	起居室(34)	1(2.9%)	23(67.7%)	6(17.7%)	3(8.8%)	—	1(2.9%)
	主卧室(31)	6(19.4%)	25(80.6%)	—	—	—	—
	卧室1(26)	10(38.5%)	15(57.7%)	1(3.8%)	—	—	—
	卧室2(10)	2(20.0%)	7(70.0%)	—	1(10.0%)	—	—
	书房(17)	6(35.3%)	7(41.2%)	4(23.5%)	—	—	—
	餐厅(23)	4(17.4%)	17(73.9%)	2(8.7%)	—	—	—
	厨房(29)	9(31.0%)	18(62.2%)	1(3.4%)	—	—	1(3.4%)
	卫生间(31)	6(19.4%)	19(61.3%)	4(12.9%)	1(3.2%)	—	1(3.2%)

4）照度均匀度

各类房间的照度均匀度及其所占的比例见表 5.1-2。

表 5.1-2　各类房间的照度均匀度及其所占比例

照度均匀度（U）		$U < 0.5$	$0.5 \leqslant U < 0.6$	$0.6 \leqslant U < 0.7$	$U \geqslant 0.7$
房间数量及其所占的百分比	起居室（34）	5（14.7%）	5（14.7%）	7（20.6%）	17（50.0%）
	主卧室（31）	3（9.7%）	4（12.9%）	3（9.7%）	21（67.7%）
	卧室 1（26）	2（7.7%）	1（3.8%）	7（26.9%）	16（61.6%）
	卧室 2（10）	1（10.0%）	2（20.0%）	1（10.0%）	6（60.0%）
	书房（17）	1（5.9%）	—	3（17.6%）	13（76.5%）
	餐厅（22）	—	2（9.1%）	2（9.1%）	19（81.8%）
	厨房（29）	5（17.2%）	3（10.3%）	4（13.8%）	17（58.7%）
	卫生间（31）	6（19.4%）	3（9.7%）	4（12.9%）	18（58.0%）

2　居住建筑的国内外照度标准值对比见表 5.1-3。

3　结果分析和结论

1）根据实测调研结果，绝大多数起居室，在灯全开时，照度在 100~200lx 之间，平均照度可达 152lx，而原标准一般活动为 20~30~50lx，照度太低。美国标准又太高，日本最低，只有 75lx，俄罗斯为 100lx，根据我国实际情况，本标准定为 100lx。而起居室的书写、阅读，参照美、日和原标准，本标准定为 300lx，这可用混合照明来达到。

2）根据调研实测结果，绝大多数卧室的照度在 100lx 以下，平均照度为 71lx，美国标准太高，日本标准一般活动太低，阅读太高，俄罗斯为 100lx。根据我国实际情况，卧室的一般活动照度略低于起居室，取 75lx 为宜。床头阅读比起居室的书写阅读降低，取 150lx。一般活动照明由一般照明来达到，床头阅读照明可由混合照明来达到。

3）原标准的餐厅照度太低，最高只有 50lx，美国较低，而日本在 200~500lx 之间，根据我国的实测调查结果，多数在

表 5.1-3　居住建筑国内外照度标准值对比

单位：lx

房间或场所		本调查			原标准 GBJ 133—90	美国 IESNA-2000	日本 JIS Z9110-1979	俄罗斯 CHuII 23-05-95	本标准
		重点		普查					
		照度范围	平均照度						
起居室	一般活动	100~200 (84%)	152	—	20~30~50 (一般)	300 (偶尔阅读)	30~75 (一般)	100	100
	书写、阅读				150~200~300 (阅读)	500 (认真阅读)	150~300 (重点)		300*
卧室	一般活动	100 (80.64%)	71	—	75~100~150 (床头阅读)	300 (偶尔阅读)	10~30 (一般)	100	75
	书写、阅读				200~300~500 (精细作业)	500 (认真阅读)	300~750 (读书、化妆)		150*
餐厅		50~150 100 (73.9%)	86	—	20~30~50	50	50~100(一般) 200~500(餐桌)	—	150
厨房	一般活动	100 62.2%	93	—	20~30~50	300(一般) 500(困难)	50~100(一般) 200~500(烹调、水槽)	100	100
	操作台								150*
卫生间		100 (61.3%)	121	—	10~15~20	300	75~150(一般) 200~500(洗脸、化妆)	50	100

注：* 宜用混合照明。

50

100lx 左右，本标准定为 150lx。

4）目前我国的厨房照明较暗，大多数只设一般照明，操作台未设局部照明。根据实际调研结果，一般活动多数在 100lx 以下，平均照度为 93lx，而国外多在 100～300lx 之间，根据我国实际情况，本标准定为 100lx。而国外在操作台上的照度均较高，在 200～500lx 之间，这是为了操作安全和便于识别之故。本标准根据我国实际情况，定为 150lx，可由混合照明来达到。

5）原标准的卫生间一般照明照度太低，最高只有 20lx，而国外标准在 50～150lx 之间，根据调查结果，多数为 100lx 左右，平均照度为 121lx，故本标准定为 100lx。至于洗脸、化妆、刮脸，可用镜前灯照明，照度可在 200～500lx 之间。

6）显色指数（Ra）值是参照 CIE 标准《室内工作场所照明》S008/E-2001 制订的，符合我国经济发展和生活水平提高的需要。同时，当前光源产品也具备这种条件。

5.2 公 共 建 筑

5.2.1 图书馆建筑照明标准值是根据对我国六大区的 46 所图书馆照明调研结果，并参考原国家标准、CIE 标准以及一些国家的照明标准经综合分析研究后制订的。

重点调查在全国范围内共完成了 5 个城市 19 个图书馆的 22 个阅览室，17 个图书馆的 25 个书库的垂直方向 0.5m、1.0m、1.5m、2.0m、以及水平方向 0.4m、0.75m、1.2m、2.0m 采集了 93 组数据，2 个城市 2 个图书馆的 2 个目录室的垂直方向 0.5m、1.0m 以及水平方向 0.75m 采集了 4 组数据，1 个图书馆的文件修复室和 1 个图书馆的门厅的地面和桌面采集了 3 组数据。

普查则将上世纪九十年代以来所设计的图书馆建筑尽可能收集进来，以便更好反映当前我国图书馆建筑照明的水平。共完成了 6 个城市 28 个图书馆的 39 个阅览室，5 个城市 13 个图书馆的 14 个书库，4 个城市 8 个图书馆的目录厅，4 个城市 5 个图书馆的电子检索室，3个城市3个图书馆的4个学术报告厅，4个城市7个图书馆的工作间，4个城市7个图书馆的10个办公室，2个城市2个图书馆的过道以及2个城市2个图书馆的其他房间照明的普查工作。

1 重点调研结果

1）光源

图书馆的阅览室、书库的光源使用情况见表5.2.1-1。

表5.2.1-1 图书馆建筑使用光源统计表

光源	房间名称	T5荧光灯	T8荧光灯	T12荧光灯	白炽灯
房间数量及其所占的百分比	阅览室（22）	1（4.5%）	20（91.0%）	1（4.5%）	—
	书库（25）	—	22（88.0%）	2（8.0%）	1（4.0%）

2）灯具

总计47个阅览室、书库所采用的灯具分类见表5.2.1-2：

表5.2.1-2 图书馆建筑使用灯具统计表

灯具类型	房间名称	嵌入或吸顶式格栅灯	搪瓷或铝制控照灯	简易性灯具或裸灯	其 他
房间数量及其所占的百分比	阅览室（22）	10（45.5%）	4（18.2%）	6（27.3%）	2（9.0%）
	书库（25）	10（40.0%）	6（24.0%）	7（28.0%）	2（8.0%）

3）平均照度

各类房间的平均照度值及其所占比例见表5.2.1-3。

表5.2.1-3 各类房间的平均照度值及其所占比例

平均照度 E_{av}(lx)	照度范围	$E_{av} < 150$	$150 \leq E_{av} < 250$	$250 \leq E_{av} < 350$	$350 \leq E_{av} < 450$	$450 \leq E_{av} < 550$	$E_{av} \geq 550$
	中间值	—	200	300	400	500	
房间数量及其所占的百分比	阅览室(22)	4(18.2%)	6(27.3%)	5(22.7%)	2(9.1%)	2(9.1%)	3(13.6%)
	书库0.5V(18)	17(94.4%)	1(5.6%)	—	—	—	—
	书库1.0V(13)	12(92.3%)	1(7.7%)	—	—	—	—
	目录0.75H(2)	—	—	—	2(100%)	—	—

4）照度均匀度

各类房间的照度均匀度及其所占的比例见表 5.2.1-4。

表 5.2.1-4　各类房间的照度均匀度及其所占比例

平均均匀度（U）		$U < 0.5$	$0.5 \leqslant U < 0.6$	$0.6 \leqslant U < 0.7$	$U \geqslant 0.7$
房间数量及其所占的百分比	阅览室（22）	2（9.1%）	1（4.5%）	1（4.5%）	18（81.9%）
	书库 0.5V（18）	2（11.1%）	1（5.6%）	1（5.6%）	14（77.7%）
	书库 1.0V（13）	2（15.4%）	—	3（23.1%）	8（61.5%）
	目录 0.75H（2）	—	1（50.0%）	—	1（50.0%）

2　普查结果

1）光源

图书馆的阅览室、书库等房间的光源使用情况见表 5.2.1-5。

表 5.2.1-5　图书馆建筑使用光源统计表

光源	房间名称	T5 荧光灯	T8 荧光灯	T12 荧光灯	白炽灯	备　注
房间数量及其所占的百分比	阅览室（38）	2（5.3%）	17*（44.7%）	19（50.0%）	—	T8＋金卤＋节能 1 T8＋射灯 1 T8＋筒灯 1
	善本阅览室（2）	—	—	2（100%）		
	目录、电子检索（15）	—	7（46.7%）	8（53.3%）		
	书库（14）	—	6*（42.9%）	7（50.0%）	1（7.1%）	T8＋无紫外灯 1
	工作间、采编（17）	—	10（58.8%）	7（41.2%）		

2）灯具

图书馆的阅览室、书库等各类房间的灯具使用情况见表 5.2.1-6。

3）设计照度

各类房间的设计照度值及其所占百分比见表 5.2.1-7。

表 5.2.1-6 各类房间的灯具使用情况

灯具类型	房间名称	嵌入或吸顶式格栅灯	搪瓷或铝制控照灯	其他	备注
房间数量及其所占的百分比	阅览室(38)	15(60.5%)	10(26.3%)	5*(13.2%)	光带2,筒灯1 光带+筒灯2
	善本阅览室(2)	—	2(100%)	—	
	目录、电子检索(15)	5(33.3%)	10(66.7%)	—	
	书库(13)	3(23.1%)	10(76.9%)	—	
	工作间、采编(17)	12(70.6%)	4(23.5%)	1*(5.9%)	光带1

表 5.2.1-7 各类房间的设计照度值及其所占百分比

照度 E (lx)	范围	$E<150$	$150≤E<250$	$≤250<E<350$	$350≤E<450$	$≤450<E<550$	$E>550$
	中间值	—	200	300	400	500	—
房间数量及其所占的百分比	阅览室(36)	2(5.6%)	11(30.5%)	16(44.4%)	1(2.8%)	5(13.9%)	1(2.8%)
	善本阅览室(2)	—	—	2(100.0%)	—	—	—
	目录、电子检索(13)	1(7.7%)	7(53.8%)	3(23.1%)	2(15.4%)	—	—
	书库(14)	5(35.7%)	8(57.2%)	1(7.1%)	—	—	—
	工作间、采编(17)	1(5.9%)	8(47.1%)	6(35.3%)	2(11.7%)	—	—

 3 图书馆建筑国内外照度标准值对比见表 5.2.1-8。

 4 结果分析和结论

 1) 图书馆照明普遍采用管形荧光灯，大多选用 T8 型荧光灯，有些新建图书馆采用各项性能更加优越的 T5 荧光灯，这是正确的选择。

单位:lx

表 5.2.1-8 图书馆建筑国内外照度标准值对比

房间或场所		本调查			原标准 GBJ 133—90	CIE S 008/E-2001	美国 IESNA-2000	俄罗斯 CHиII 23-05-95	本标准
		重点		普查					
		照度范围	平均照度						
阅览室	一般图书馆	200~300 (50%)	339	200~300 (74.9%)	150~200~300	500	300	300 (一般)	300
	国家、省市及其重要图书馆								500
老年阅览室、珍善本、舆图阅览室		—	—	200~300~500	200~300~500	—	300	—	500
目录厅(室)、陈列室		—	390	150~250 (57.2%)	75~100~150	200 (个人书架)	300 (阅读架)	200	300
书 库		<150 (92.3%)	72 (h=0.5) / 208 (h=0.75)	<150 (35.7%)	20~30~50 (垂直)	200 (书架)	50 (不活动)	75	50
工作间		—	—	150~250 (47.1%)	150~200~300	—	—	200	300

2）当前所采用的嵌入格栅式荧光灯具效果较好，重点调查中阅览室有 45.5%，普查中有 60.5% 使用这种荧光灯具；搪瓷制的旧式控照灯效率低下，配光性能不好，即使铝制控照灯其光效和配光也不一定符合阅读的照明要求，重点调查中有 18.2%，普查中有 26.3% 使用这种灯具；重点调查中有 27.3% 还在使用简易式灯具或裸灯。

3）所调查的阅览室大部分为省市图书馆和部分大学图书馆，半数以上阅览室照度在 200～300lx 之间，平均照度为 339lx，而原标准高档照度为 300lx，CIE 标准为 500lx，美国和俄罗斯均为 300lx。根据视觉满意度实验，对荧光灯在 300lx 时，其满意度基本可以。又据现场评价，150～250lx 基本满足视觉要求。根据我国现有情况，本标准一般阅览室定为 300lx，国家、省市及重要图书馆的阅览室、老年阅览室、珍善本、舆图阅览室定为 500lx。

4）根据陈列室、目录厅（室）、出纳厅的照度普查结果，半数以上平均为 200lx，原标准高档为 150lx，而国外标准在 200～300lx 之间，本标准定为 300lx。

5）根据书库的调查结果，多数照度在 150lx 以下，除美国照度较高外，日本和俄罗斯在 50～75 之间。本标准定为 50lx。

6）工作间的照度，调查结果多数平均在 200～300lx 之间，而原标准高档为 300lx，考虑图书的修复工作需要，本标准定为 300lx 为宜。

7）各房间统一眩光值（UGR）和显色指数（Ra）是参照 CIE 标准《室内工作场所照明》S008/E-2001 制订的。

8）关于照度均匀度，无论是我国标准还是 CIE 国际标准都规定不得小于 0.7，实测表明大多数房间能达到这一指标（平均合格率达 81.9%）。

5.2.2 办公建筑的照明标准值是根据对我国六大区的 187 所办公建筑照明调研结果，并参考原国家标准、CIE 标准以及一些国家的照明标准经综合分析研究后制订的。

重点调查在全国范围内共完成了 6 个城市的 45 个单位的 32

间会议室、42 间办公室、3 间辅助用房（晒图、文件整理、消防监控）的照明现场实测工作。

普查共完成了 114 个单位的 61 间会议室、142 间办公室、46 间辅助用房（包括库房、营业厅、小卖部、文件整理、复印、资料档案、配电、消防、水泵、空调等）的照明普查工作。

1　重点调研结果

1）光源

现场调研结果表明，97.6%办公室采用直管形荧光灯。而会议室（含报告厅）情况却不同，紧凑型（节能）荧光灯，卤钨灯、白炽灯还占有相当的比例，几乎占了 60%，直管形荧光灯只占 40%，有的会议室还同时使用两种、甚至三种光源。所调查的晒图室，消防监控室等辅助用房均采用直管形荧光灯。

2）灯具

采用直管形荧光灯的办公室，其配套灯具均采用吸顶或嵌入安装的格栅荧光灯具；会议室则分别采用和光源配套的格栅荧光灯具、筒式灯具、射灯，个别采用花（吊）灯、暗槽灯等。

3）平均照度

办公建筑各类房间的平均照度值及其所占比例见表 5.2.2-1。

表 5.2.2-1　各类房间的平均照度值及其所占比例

平均照度 E_{av} (lx)		各类房间的数量及其所占的百分比		
照度范围	中间值	会议室	办公室	辅助用房
$E_{av} < 150$	—	5（15.6%）	1（2.4%）	
$150 \leqslant E_{av} < 250$	200	5（15.6%）	6（14.3%）	
$250 \leqslant E_{av} < 350$	300	10（31.2%）	10（23.8%）	2（66.7%）
$350 \leqslant E_{av} < 450$	400	4（12.5%）	8（19.0%）	1（33.3%）
$450 \leqslant E_{av} < 550$	500	1（3.1%）	5（11.9%）	
$550 \leqslant E_{av} < 650$	600	3（9.4%）	7（16.7%）	
$650 \leqslant E_{av} < 850$	750	3（9.4%）	3（7.1%）	
>850		1（3.1%）	2（4.8%）	

4）照度均匀度

各类房间的照度均匀度及其所占的比例见表5.2.2-2。

表5.2.2-2　各类房间的照度均匀度及其所占比例

照度均匀度 U		U<0.5	0.5≤U<0.6	0.6≤U<0.7	U≥0.7
各类房间数量及其所占的百分比	会议室	3（9.4%）	1（3.1%）	7（21.9%）	21（65.7%）
	办公室	4（9.5%）	9（21.4%）	6（14.3%）	23（54.8%）
	辅助用房	—	—	1（33.3%）	2（66.7%）

2　普查结果

1）光源

普查结果和现场调研结果有点差异，142间办公室所采用的光源百分之百为直管形荧光灯，尚有5～6间办公室同时采用节能灯或金卤灯、白炽灯。61间会议室有59间采用直管形荧光灯，占96.7%，比现场调研要多得多，也有少数会议室同时采用节能灯、卤钨灯或白炽灯。库房、营业厅（小卖部），文件整理、复印、资料档案、配电、消防等辅助用房采用直管形荧光灯比例也很高，达83.7%，其余为节能灯、白炽灯和金卤灯。

2）灯具

办公室绝大数均采用格栅灯具，只有5%左右采用简易灯具或灯槽、光带；而会议室，采用格栅荧光灯具的亦占82%，其余10%为简易荧光灯具，剩下的为筒灯、光带、灯槽等。各类辅助用房格栅灯具只占52.1%，而旧式控照灯具，简易灯具却占24%。

3）设计照度

各类房间的设计照度值及其所占百分比见表5.2.2-3。

3　办公建筑的国内外照度标准值对比见表5.2.2-4。

4　结果分析和结论

1）办公建筑的办公室和辅助用房绝大多数采用的是直管形荧光灯，而会议室有一部分采用紧凑型（节能）荧光灯，或同时采用几种光源。今后应更多选用光效更高更加节能的T5、T8直

表5.2.2-3 各类房间的设计照度值及其所占百分比

各类房间的数量及其所占的百分比

平均照度范围 照度范围 E(lx)	中间值	会议室	办公室	库 房	营业厅	复印、文整	资料、档案	消防、配电
$E < 150$	—	2(3.4%)	8(5.6%)	5(100%)	1(7.7%)		3(75%)	8(61.5%)
$150 \leqslant E < 250$	200	41(69.5%)	84(59.2%)		7(53.8%)	8(72.7%)	1(25%)	4(30.8%)
$250 \leqslant E < 350$	300	11(18.6%)	23(16.2%)		2(15.4%)	1(9.1%)		1(7.7%)
$350 \leqslant E < 450$	400	3(5.1%)	8(5.6%)		1(7.7%)	2(18.2%)		
$450 \leqslant E < 550$	500	2(3.4%)	18(12.7%)		2(15.4%)			
$550 \leqslant E < 650$	600		1(0.7%)					

表5.2.2-4 办公建筑国内外照度标准值对比

单位:lx

房间或场所	本调查		普查	原标准 GBJ 133—90	CIE S 008/E-2001	美 国 IESNA-2000	日本 JIS Z 9110-1979	德国 DIN5035 -1990	俄罗斯 CHиⅡ 23-05-95	本标准
	重 点									
	照度范围	平均照度								
普通办公室	200~400 (57.1%)	429	200~300 (75.4%)	100~150~200	500	500	300~750	300	300	300
高档办公室								500	—	500

59

续表 5.2.2-4

| 房间或场所 | 本调查 | | | 原标准 GBJ 133—90 | CIE S 008/E-2001 | 美国 IESNA-2000 | 日本 JIS Z 9110-1979 | 德国 DIN5035 -1990 | 俄罗斯 CHиII 23-05-95 | 本标准 |
	重点 照度范围	重点 平均照度	普查							
会议室、接待室、前台	200~400 (59.3%)	358	200~300 (88.1%)	100~150~200	500 300 (接待)	300 500 (重要)	300~750 200~500 (接待)	300	200 300 (前台)	300
营业厅	—	—	200~300 (69.2%)	100~150~200	—	300 500 (书写)	750~1500	—	—	300
设计室	—	—	—	200~300~500	750	750	750~1500	750	500	500
文件整理、复印、发行室	250~350 (66.7%)	324	200 (72.7%)	50~75~100	300	100	300~750	—	400	300
资料、档案室	—	—	<150	50~75~100	200	—	150~300	—	75	200

管形荧光灯和紧凑型荧光灯，尽可能停用白炽灯。

2）和直管形荧光灯配套的简易型或旧式控照型（如搪瓷制）灯具不宜继续使用。格栅荧光灯具也应注意选择灯具效率高、配光符合使用要求的产品。大量安装白炽灯的花（吊）灯不宜在会议室、办公室中使用。

3）办公室分普通和高档两类，分别制订照度标准，这样做比较适应我国不同建筑等级以及不同地区差别的需要。根据调研结果，办公室的平均照度多数在 200～400lx 之间，平均照度为 429lx，而原标准高档为 200lx。从目前我国实际情况看，原标准值明显偏低，需提高照度标准。CIE、美国、日本、德国办公室照度均为 500lx，只有俄罗斯为 300lx，根据我国情况，本标准将普通办公室定为 300lx，高档办公室定为 500lx。

4）根据会议室、接待室、前台的照度调查结果，多数平均在 200～400lx 之间，平均照度为 358lx，原标准高档为 200lx，而 CIE 标准及一些国家多在 300～500lx 之间，本标准定为 300lx。

5）根据营业厅的照度调查结果，多数为 200～300lx 之间，而美国为 300～500lx，日本高达 750～1500lx，本标准定为 300lx。

6）设计室的照度与高档办公室的照度一致，本标准定为 500lx。

7）根据文件整理、复印、发行室的照度调查结果，重点调查照度在 250～350lx 之间，平均为 324lx。普查照度平均为 200lx，而原标准高档为 100lx，CIE 标准为 300lx，美国标准稍低为 100lx，日本为 300～750lx，本标准定为 300lx。

8）资料、档案室的照度普查结果均小于 150lx，CIE 标准为 200lx，日本为 150～300lx，本标准定为 200lx。

9）办公建筑各房间的统一眩光值（UGR）和显色指数（Ra）是参照 CIE 标准《室内工作场所照明》S008/E-2001 制订的。

10）关于照度均匀度，无论是我国标准还是 CIE 标准都规定不宜小于 0.7。实测表明有 54.8% 的办公室，65.7% 的会议室，66.7% 的辅助用房达到这一要求。可以说，提高均匀度并不是一件难事。

5.2.3 商业建筑照明标准值是根据对我国六大区的 90 所商业建筑的照明调研结果，并参考原国家标准、CIE 标准以及一些国家的照明标准经综合分析研究后制订的。

重点调查在全国范围内共完成了 6 个城市的 77 家（处）营业厅、4 家超市、8 间专卖店照明的现场测量工作。

普查则共完成了 6 个城市的 36 家（处）营业厅、12 家超市、8 间专卖点和 20 间库房的照明普查工作。

1　重点调研结果

1）光源

商场营业厅、超市、专卖店所采用的光源，紧凑型（节能）荧光灯和直管形荧光灯各占四成半左右，其他依次是金卤灯、卤钨灯、白炽灯，三者总计约占 10%。

2）灯具

与光源相配套，对应的格栅荧光灯具和筒灯占九成以上，其余是简易、旧式控照荧光灯具，卤钨射灯等。

3）平均照度

各类商店的平均照度值及其所占比例见表 5.2.3-1。

表 5.2.3-1　各类商店的平均照度值及其所占比例

平均照度 E_{av}（lx）	照度范围	$E_{av} < 250$	$250 \leqslant E_{av} < 350$	$350 \leqslant E_{av} < 450$	$450 \leqslant E_{av} < 550$	$550 \leqslant E_{av} < 650$	$650 \leqslant E_{av} < 850$	$E_{av} \geqslant 850$
	中间值	—	300	400	500	600	750	—
营业厅（商店）数量及其所占的百分比	商场营业厅	4(6.0%)	5(7.5%)	11(16.4%)	6(9.0%)	11(16.4%)	11(16.4%)	19(28.4%)
	超　市		1(25%)	1(25%)	1(25%)			1(25%)
	专卖店		3(37.5%)	1(12.5%)	2(25%)		1(12.5%)	1(12.5%)

4）照度均匀度

各类商店的照度均匀度及其所占的比例见表 5.2.3-2。

表 5.2.3-2 　各类商店的照度均匀度及其所占比例

照度均匀度 U		$U < 0.6$	$0.6 \leqslant U < 0.7$	$U \geqslant 0.7$
营业厅（商店）数量及其所占的百分比	商场营业厅	5（8.9%）	9（16.1%）	42（75%）
	超　市	1（25%）		3（75%）
	专卖店		2（25%）	6（75%）

2　普查结果

1）光源

统计结果表明，商场营业厅和超市采用直管形荧光灯占83.3%，紧凑型（节能）荧光灯占11.1%，白炽灯和卤钨灯只占5.6%，而专卖店采用直管形荧光灯和紧凑型（节能）荧光灯也占到八成以上，白炽灯和卤钨灯所占的比例不到二成。

2）灯具

与光源相配套，对应的格栅荧光灯具和筒灯商场营业厅占76%，超市占45%，专卖店占54.5%，余下为其他灯具（包括简易、旧式控照灯具，暗槽灯、卤钨射灯、光带等）。

3）设计照度

各类商店的设计照度值及其所占百分比见表5.2.3-3。

表 5.2.3-3　各类商店的设计照度值及其所占百分比

平均照度 E_{av}(lx)	范围	$E < 250$	$250 \leqslant E < 350$	$350 \leqslant E < 450$	$450 \leqslant E < 550$	$550 \leqslant E < 650$	$650 \leqslant E < 850$	$E \geqslant 850$
	中间值	—	300	400	500	600	750	—
营业厅（商店）数量及其所占的百分比	商场营业厅	16(50%)	10(31.2%)	3(9.4%)	2(6.3%)			1(3.1%)
	超　市	8(66.7%)	1(12.5%)	1(12.5%)	1(12.5%)	1(12.5%)		
	专卖店	2(25%)	4(50%)	1(12.5%)				1(12.5%)

库房的设计照度值及其所占百分比见表5.2.3-4。

表 5.2.3-4　库房的设计照度值及其所占百分比

平均照度 E（lx）	$E < 50$	$50 \leqslant E < 100$	$100 \leqslant E < 120$
库房数量及其所占百分比	—	16（80%）	4（20%）

单位：lx

表 5.2.3-5 商业建筑国内外照度标准值对比

房间或场所	本调查			原标准 GBJ 133—90	CIE S 008/E-2001	美国 IESNA-2000	日本 JIS Z 9110-1979	德国 DIN5035 -1990	俄罗斯 CHиП 23-05-95	本标准
	重点		普查							
	照度范围	平均照度								
一般商店营业厅	>500 (70.2%)	678	<500lx (90.6%)	75~100~150	300（小） 500（大）	300	500~750	300	300	300
高档商店营业厅				500						500
一般超市营业厅	300~500 (75%)	567	<500lx (91.7%)	150~200~300		500	750~1000（市内） 300~750（郊外）			300
高档超市营业厅									400	500
收款台	—	—	—	150~200~300	500	—	750~1000	500	—	500

3 商业建筑国内外照度标准值对比见表 5.2.3-5。

4 结果分析和结论

1）各类商店的照明普遍采用直管形荧光灯和紧凑型（节能）荧光灯，金卤灯、卤钨灯、白炽灯等其他光源用得很少。所普查的 20 间库房则 100% 采用直管形荧光灯。

2）与光源相配套的灯具，多系格栅荧光灯具、筒灯灯具，重点照明则多半采用卤钨射灯。但仍有部分商店如小型超市、专卖店以及绝大多数库房采用简易的或旧式（如搪瓷制的）控照荧光灯具。这种灯具实有更换的必要。

3）由于商业建筑等级和地区的不同，将商店分为一般和高档两类，比较符合中国的实际情况。重点调研结果是多数商店照度均大于 500lx，平均照度达 678lx，因为调研的商店均为大型高档商店，而普查的照度多数小于 500lx。CIE 标准将营业厅按大小分类，大营业厅照度为 500lx，小营业厅为 300lx，而美、德、俄等国均为 300lx，日本稍高，达 500~750lx。据此，本标准将一般商店营业厅定为 300lx，高档商店营业厅定为 500lx。

4）根据中国实际情况，将超市分为二类，一类是一般超市营业厅，另一类是高档超市营业厅。根据调研结果，照度大多数在 300~500lx，平均照度达 567lx。而美国不分何种超市均定为 500lx，日本在市内超市为 750~1000lx，而在市郊超市为 300~750lx，俄罗斯为 400lx。本标准将一般超市营业厅定为 300lx，而高档超市营业厅定为 500lx。

5）收款台要进行大量现金及票据工作，精神集中，避免差错，照度要求较高，本标准定为 500lx。

6）商店各营业厅的统一眩光值（UGR）和显色指数（Ra）是参照 CIE 标准《室内工作场所照明》S008/E-2001 制订的。

7）关于照度均匀度，无论是我国标准还是 CIE 标准都规定不宜小于 0.7。实测表明，75% 的商店都能符合这一要求。

5.2.4 影剧院建筑照明标准值是根据对我国 10 所影剧院建筑照明调查结果，并参考原国家标准、CIE 标准以及一些国家的照明标准经综合分析研究后制订的。

重点调查在全国范围内共完成了9个影剧院6类近20个场所照明的现场测量工作。

普查则共完成了2个影剧院3个不同类型场所的照明普查工作。

1 调查结果

由于重点调查的影剧院少，普查更少，因此统计方法作了如下改变：（1）将重点调查和普查结果合在一起。（2）将场所的平均照度和照明功率密度合在一起，制成一张表。

1）光源

紧凑型荧光灯、直管形荧光灯、白炽灯、金卤灯、高压钠灯、卤钨灯等各种光源都在影剧院建筑中使用。其中白炽灯还占很大比例。

2）灯具

影剧院采用的灯具品种繁多，壁灯、吊（花）灯占有一定比例。

3）影剧院建筑各类场所的平均照度及照明功率密度见表5.2.4-1。

表 5.2.4-1　各类场所的平均照度及照明功率密度

场所名称	平均照度及照明功率密度	备　注★★★
剧院观众厅	148（49.8）★，184（55），27，55，96（61），190（62），48（28），46（58.3），112，30，<u>220（22.5）</u>★★	最低27，最高200，平均103
电影院观众厅	93（25），6.4	
排演厅	279（8.6），222（13.7），500（12.8），<u>250（20.1）</u>，<u>300（23.5）</u>	最低222，最高500，平均310
观众休息厅	40，223（51），<u>200（26）</u>	照度值223者为贵宾休息室
化妆室	509（33.3）	
门厅	133（28.8），10，30	

注：★　括号内的数字为相应的照明功率密度；
　　★★　下面有横线的数字为普查结果，其余为重点调查结果；
　　★★★　备注一栏中，最低、最高、平均分别为该类场所平均照度的最低、最高和平均值。

2 影剧院建筑国内外照度标准值对比见表 5.2.4-2。

3 结果分析和结论

1）影剧院建筑采用白炽灯比较多的原因是许多影剧院观众厅要求调光。另外门厅（大堂）吊（花）灯用得不少，其中很多都装白炽灯，今后应尽量采用紧凑型荧光灯。

2）有些场所的灯具除了要求美观外，应注意提高光通量利用率并方便维护管理。

3）我国的《民用建筑照明设计标准》GBJ 133—90 规定了影剧院各类场所照度标准值。这次调查结果表明，观众厅的平均照度值比较分散。最低的连国标下限（分别为 30 和 50lx）都没有达到，而最高的却已达到 CIE200lx 的标准，但绝大多数都没有达到 CIE 这一标准。所调查的几个排演厅平均照度水平都比较高，均超过国家标准的最高档 200lx 的水平，且符合 CIE 标准要求（排演厅 CIE 的标准未作单独规定，应该还是 200lx）。少数观众厅和观众休息厅照度偏低，观众反映连说明书都看不清。

4）影剧院建筑门厅反映一个影剧院风格和档次，且是观众的主要入口，其照度要求较高。根据调查结果，门厅照度在 10～133lx 之间，而 CIE 标准为 100lx，日本为 300～750lx，俄罗斯为 500lx，照度差异较大。根据我国实际情况，本标准定为 200lx。

5）影院和剧场观众厅照度稍有不同，剧场需看剧目单及说明书等，故需照度高些，影院比剧场稍低。根据调查，现有影剧场观众厅平均照度为 103lx，CIE 标准剧场为 200lx。本标准对观众厅，剧场定为 200lx，影院定为 100lx。

6）影院和剧场的观众休息厅，根据调查结果，照度在 40～200lx 之间。原标准高档照度，影院为 100lx，剧场为 150lx。日本为 150～300lx，俄罗斯为 150lx。本标准将影院定为 150lx，剧场定为 200lx，以满足观众休息的需要。

7）排演厅的实测照度为 310lx，原标准高档为 200lx，照度较低。CIE 标准为 300lx，参照 CIE 标准的规定，本标准定为 300lx。

8）化妆室的实测照度为 509lx，原标准一般区域高档为

表 5.2.4-2　影剧院建筑国内外照度标准值对比

单位：lx

房间或场所		本调查	原标准 GBJ 133—90	CIE S008/E-2001	美国 IESNA-2000	日本 JIS Z 9110-1979	俄罗斯 CHиII 23-05-95	本标准
门　厅		10~133	100~150~200	100	—	300~750	500	200
观众厅	影院	103	30~50~75	—	100	150~300	75	100
	剧场		50~75~100	200	—	150~300	300~500	200
观众休息厅	影院	40~200	50~75~100	—	—	150~300	150	150
	剧场		75~100~150	—	—		—	200
排演厅		310	100~150~200	300	—	—	—	300
化妆室	一般活动区	509	75~100~150	—	—	300~750	—	150
	化　妆		150~200~300	—	—		—	500

150lx，化妆台高档为 300lx，日本为 300～750lx。本标准将一般活动区照度定为 150lx，而将化妆台照度提高到 500lx。

9）影剧院的统一眩光值（UGR）和显色指数（Ra）是参照 CIE 标准《室内工作场所照明》S008/E-2001 制订的。

5.2.5 旅馆建筑照明标准值是根据对我国六大区的 62 所旅馆建筑照明调查结果，并参考原国家标准、CIE 标准以及一些国家的照明标准经综合分析研究后制订的。

重点调查共完成了 5 个城市 19 家旅馆的 21 个旅馆客房，6 个城市 18 家旅馆的 18 个大堂，6 个城市 20 家旅馆的 27 个餐厅（包括餐厅、中餐厅、西餐厅）、2 个自助餐厅，3 个城市 11 个旅馆的 13 个多功能厅，8 个旅馆的酒吧，4 个城市 12 个客房走廊和 7 个旅馆的商务中心、美容美发室、桑拿室的调查实测。

普查共完成了 6 个城市 19 家旅馆的 18 个旅馆客房、9 个写字间，5 个城市 10 家旅馆的 10 个大堂，3 个城市 5 家旅馆的卫生间，7 个城市 19 家旅馆的 24 个餐厅，4 家旅馆的多功能厅，5 个城市 9 家旅馆的厨房，4 个城市 11 家旅馆的 6 个美容美发室、4 个洗衣房、会客室以及其他 8 种房间的照明普查工作。

1　重点调研结果

1）光源

旅馆客房、大堂、餐厅光源使用情况见表 5.2.5-1。客房大部分采用白炽灯以营造温暖的气氛，节能灯和 T8 荧光灯也使用较多；大堂多采用白炽灯和节能灯；餐厅多采用节能灯、白炽灯、卤钨灯（冷光杯）及 T8 荧光灯。

表 5.2.5-1　旅馆建筑使用光源统计表

光源	房间名称	白炽灯	节能灯	T8 荧光灯	T12 荧光灯	卤钨灯	其　他
房间数量及其所占的百分比	客房（20）	19(95.0%)	9(45.0%)	10(50.0%)	4(20.0%)	6(30.0%)	—
	大堂（7）	4(57.1%)	4(57.1%)	2(28.6%)	—	—	1(14.3%)
	餐厅（21）	8(38.1%)	21(100.0%)	4(19.0%)	1(4.8%)	7(33.3%)	1(4.8%)

注：上述房间一般在同一场所内安装几种灯具，所以在一个房间，各种类型光源相加大于 100%。

表 5.2.5-2　各类房间的平均照度值及其所占比例

平均照度 E_{av} (lx)	照度范围	$E_{av}<50$	$50\le E_{av}<150$	$150\le E_{av}<250$	$250\le E_{av}<350$	$350\le E_{av}<450$	$E_{av}\ge450$
	中间值	—	100	200	300	400	—
房间及其数量所占的百分比	客房 一般活动区(19)	15(78.9%)	4(21.1%)	—	—	—	—
	床头(19)	3(15.8%)	11(57.9%)	5(26.3%)	—	—	—
	写字台(17)	—	10(58.8%)	7(41.2%)	—	—	—
	卫生间水平(21)	2(9.5%)	9(42.8%)	5(23.8%)	3(14.4%)	—	2(9.5%)
	卫生间垂直(20)	8(40.0%)	10(50.0%)	1(5.0%)	—	1(5.0%)	—
	餐厅(18)	—	8(44.4%)	7(38.8%)	1(5.6%)	1(5.6%)	1(5.6%)
	西餐厅、酒吧(26)	10(38.5%)	14(53.8%)	2(7.7%)	1(5.6%)	1(5.6%)	1(5.6%)
	宴会厅、总服务台(25)	—	12(48.0%)	7(28.0%)	4(16.0%)	1(4.0%)	1(4.0%)
	门厅、休息(16)	3(18.8%)	7(43.8%)	6(37.4%)	—	—	—
	走廊(4)	3(75.0%)	1(25.0%)	—	—	—	—

2) 灯具

旅馆客房大都采用吸顶灯、茶几旁的落地灯、桌面台灯、床头上的两个壁灯、门内的筒灯以及有些房间吧台上的冷光杯,浴室内大都采用荧光灯作镜前灯加白炽灯或节能灯作光源的筒灯;大堂所用灯具有以节能灯作光源的筒灯、水晶花灯、冷光杯、间接荧光灯具,根据设计意图和建筑风格变化很大;餐厅所用灯具均为以节能灯作光源的筒灯、水晶花灯、壁灯、射灯、冷光杯、间接荧光灯具。

3) 平均照度

各类房间的平均照度值及其所占比例见表5.2.5-2。

4) 照度均匀度

各类房间的照度均匀度及其所占的比例见表5.2.5-3。

表5.2.5-3　各类房间的照度均匀度及其所占比例

	照度均匀度 U	$U < 0.5$	$0.5 \leqslant U < 0.6$	$0.6 \leqslant U < 0.7$	$U \geqslant 0.7$
房间数量及其所占的百分比	客房(18)	1(5.6%)	—	3(16.7%)	14(77.7%)
	餐厅(18)	3(16.7%)	—	2(11.1%)	13(72.2%)
	西餐厅、酒吧(24)	7(29.2%)	2(8.3%)	1(4.2%)	14(58.3%)
	宴会厅、总服务台(20)	—	—	3(15.0%)	17(85.0%)
	门厅、休息厅(15)	1(6.7%)	2(13.3%)	—	12(80.0%)
	走廊(2)	—	—	—	2(100.0%)

2　普查结果

1) 光源

旅馆客房、大堂、餐厅光源使用情况见表5.2.5-4。客房大部分采用白炽灯以营造温暖的气氛,节能灯和T8荧光灯也使用较多;大堂多采用白炽灯和节能灯;餐厅多采用白炽灯、荧光灯、节能灯、卤钨灯(冷光杯)。9个厨房及4个洗衣房均使用荧光灯。

表 5.2.5-4　旅馆建筑使用光源统计表

光源	房间名称	白炽灯	节能灯	荧光灯	卤钨灯	金卤灯	其他
房间数量及其所占的百分比	客房(18)	18(100.0%)	4(22.2%)	4(22.2%)	—	—	—
	写字间(9)	—	1(11.1%)	8(88.9%)	—	—	2(22.2%)
	卫生间(5)	2(40.0%)	2(40.0%)	4(80.0%)	—	—	—
	大堂(12)	8(66.7%)	6(50.0%)	3(25.0%)	1(8.3%)	2(16.7%)	3(25.0%)
	餐厅(24)	12(50.0%)	5(20.8%)	13(54.2%)	4(16.7%)	—	3(12.5%)
	美发室(6)	1(16.7%)	1(16.7%)	61(00.0%)	—	—	—

注：上述房间一般在同一场所内安装几种灯具，所以在一个房间，各种类型光源相
加大于100%。

2）灯具

旅馆客房大都采用吸顶灯、茶几旁的落地灯、桌面台灯、床头上的两个壁灯、门内的筒灯以及有些房间吧台上的冷光杯，会客室常采用花灯和筒灯，浴室内大都采用荧光灯作镜前灯加白炽灯或节能灯作光源的筒灯；大堂所用灯具有以节能灯作光源的筒灯、水晶花灯、冷光杯、间接荧光灯具，根据设计意图和建筑风格变化很大；餐厅所用灯具有以节能灯作光源的筒灯、水晶花灯、壁灯、射灯、冷光杯、间接荧光灯具等。

3）设计照度

各类房间的设计照度值及其所占百分比见表5.2.5-5。

表 5.2.5-5　各类房间的设计照度值及其所占百分比

照度 E (lx)	范围	$E<50$	$50\leqslant E<150$	$150\leqslant E<250$	$250\leqslant E<350$	$350<E<450$	$E\geqslant450$
	中间值	—	100	200	300	400	—
房间数量及其所占的百分比	客房(18)	1(5.5%)	12(66.7%)	5(27.8%)	—	—	—
	写字间(9)	—	3(33.3%)	3(33.3%)	2(22.2%)	—	1(11.2%)
	卫生间(5)	—	4(80.0%)	1(20.0%)	—	—	—
	大堂(12)	1(8.3%)	—	7(58.4%)	3(25.0%)	—	1(8.3%)
	餐厅(24)	—	5(20.8%)	7(29.2%)	11(45.8%)	1(4.2%)	—

照度 E (lx)	范围	$E < 50$	$50 \leq E < 150$	$150 \leq E < 250$	$250 \leq E < 350$	$350 < E < 450$	$E \geq 450$
	中间值	—	100	200	300	400	—
房间数量及其所占的百分比	多功能厅(4)	—		1(25.0%)		3(75.0%)	—
	美发(4)	—	1(25.0%)	2(50.0%)	1(25.0%)	—	—
	厨房(8)	—	3(37.5%)	4(50.0%)	1(12.5%)	—	—
	洗衣房(4)	—	1(25.0%)	2(50.0%)	1(25.0%)	—	—

3 旅馆建筑国内外照度标准值对比见表 5.2.5-6。

4 结果分析和结论

1）旅馆很多餐厅用节能灯做光源的筒灯替代白炽灯，客房用暖色的节能灯替代白炽灯节能效果显著。

2）旅馆卫生间、写字间、餐厅、洗衣房等照明普遍采用管形荧光灯，大多选用 T8 型荧光灯。

3）目前绝大多数宾馆客房无一般照明，按一般活动区、床头、写字台、卫生间四项制订标准。根据实测调查结果，绝大多数一般活动区照度小于 50lx，平均照度只有 37lx，原标准高档为 50lx，而美国等一些国家为 100～150lx，根据我国情况本标准定为 75lx。床头的实测照度多数为 100lx 左右，平均照度为 110lx，而原标准最高为 100lx，稍低，本标准提高到 150lx。写字台的实测照度多在 100～200lx 之间，而原标准高档为 200lx，美国为 300lx，日本为 300～750lx，本标准定为 300lx。卫生间的实测照度多数在 100～200lx 之间，原标准高档为 100lx，而美国为 300lx，日本为 100～200lx，本标准定为 150lx。

4）中餐厅重点实测照度多数在 100～200lx 之间，平均照度为 186lx，而普查设计照度多数在 200～300lx 之间，原标准高档照度为 100lx，照度偏低，CIE 标准和德国为 200lx，日本为 200～300lx，本标准定为 200lx。

表5.2.5.6 旅馆建筑国内外照度标准值对比

单位:lx

房间或场所		本调查 重点 照度范围	本调查 重点 平均照度	本调查 普查	原标准 GBJ 133—90	CIE S 008/E-2001	美国 IESNA-2000	日本 JIS Z 9110-1979	德国 DIN5035 -1990	俄罗斯 CHиII 23-05-95	本标准
客房	一般活动区	<50 (78.9%)	37	100~200 (94%)	20~30~50	—	100	100~150		100	75
	床头	100 (57.9%)	110	100~200 (64.6%)	50~75~100		—	—	—	—	150
	写字台	100~200 (100%)	208		100~150~200	—	300	300~750	—	—	300
	卫生间	100~200 (66.4%)	173(水平) / 84(垂直)	100~200 (100%)	50~75~100	—	300	100~200	—	—	150
中餐厅		100~200 (83.2%)	186	200~300 (75%)	50~75~100	200	—	200~300	200	—	200

续表 5.2.5-6

房间或场所	本调查			原标准 GBJ 133—90	CIE S 008/E-2001	美 国 IESNA-2000	日本 JIS Z 9110-1979	德国 DIN5035 -1990	俄罗斯 CHиП 23-05-95	本标准
	重点		普查							
	照度 范围	平均 照度								
西餐厅、酒吧间	<100 (82.5%)	69	—	20～30～50	—	—	—	—	—	100
多功能厅	100～200 (76%)	149	300～400 (100%)	150～200～300	200	500	200～500	200	200	300
门厅、总服务台	50～100 (62.6%)	121	200～300 (83.4%)	75～100～150	300	100 300 (阅读处)	100～200	—	—	300
休息厅	<50 (75%)	43	—	—	100	—	—	—	—	200
客房层走廊	—	—	—	—	—	50	75～100	—	—	50
厨 房	—	—	—	150	—	200～500	—	500	200	300
洗衣房	—	—	—	150	—	—	100～200	—	200	300

75

5）西餐厅、酒吧间、咖啡厅照度，不宜太高，以创造宁静、优雅的气氛。实测照度均小于100lx。原标准高档为50lx，照度偏低，本标准定为100lx。

6）多功能厅重点实测照度多数在100～250lx之间，平均照度为149lx，而普查照度均在300～400lx之间，CIE标准、德国、俄罗斯均为200lx，而美国为500lx，日本为200～500lx，本标准取各国标准的中间值，定为300lx。

7）门厅、总服务台、休息厅是旅馆的重要枢纽，是人流集中分散的场所，重点调查照度约100lx左右，平均为121lx，而普查多数在200～300lx之间，原标准高档为150lx，而国外标准在100～300lx之间，结合我国实际情况，本标准将门厅、总服务台定为300lx，将休息厅定为200lx。

8）客房层走道实测照度多数小于50lx，平均为43lx，而国外多为50～100lx之间，本标准定为50lx。

9）旅馆建筑各房间的统一眩光值（UGR）和显色指数（Ra）是参照CIE标准《室内工作场所照明》S008/E-2001制订的。

10）关于照度均匀度，无论是我国标准还是CIE国际标准都规定不得小于0.7，实测表明西餐厅、酒吧照度均匀度为58.3%，客房为77.7%，其他房间达到80%以上。

5.2.6 医院建筑照明标准值是根据对我国六大区的64所医院建筑照明调查结果，并参考《综合医院建筑设计规范》JGJ 49—88、CIE标准和一些国家的照明标准经综合分析研究后制订的。原标准无此项标准，为新增项目。

重点调查在全国范围内共完成了5个城市23家医院的121组数据。

普查共完成了6个城市31家医院的170组数据，见表5.2.6-1。

表5.2.6-1　医院建筑调研房间数目统计表

房间名称	治疗室	化验室	手术室	诊室	候诊室	病房	护士站	药房	实验室	其他	合计
重点测量	9	14	3	17	16	25	18	7	3	9	121
普　查	18	17	18	25	10	28	17	23	3	11	170

1 重点调研结果

1）光源

医院治疗室、化验室、手术室、诊室、候诊室、病房、护士站等光源使用情况见表 5.2.6-2。房间大部分采用 T8-2X36W、T8-3X18W 荧光灯和 T12 荧光灯，少数房间用节能灯或节能灯及荧光灯。

表 5.2.6-2 医院建筑使用光源统计表

光源	房间名称	T8 荧光灯	T12 荧光灯	节能灯	白炽灯	卤钨灯	备 注
房间数量及其所占的百分比	治疗室(9)	7(77.8%)	2(22.2%)	—	—	—	
	化验室(14)	13(92.8%)	2(14.3%)	—	—	—	T8 + T12 灯 1
	手术室(3)	3(100.0%)	—	—	—	—	
	诊 室(17)	15(88.2%)	2(11.8%)	—	—	—	
	候诊室(16)	11(68.8%)	4(25.0%)	4(25.0%)	—	—	T8 + T12 + 节能灯 1 T8 + 节能灯 1
	病 房(25)	16(64.0%)	4(16.0%)	6(24.0%)	1(4.0%)	—	T12 + 节能灯 2 T8 + 节能灯 2
	护士站(18)	15(83.3%)	2(11.1%)	1(5.6%)	—	1(5.6%)	T8 + 卤钨灯 1
	药 房(7)	7(100.0%)	—	—	—	—	
	实验室(3)	2(66.7%)	1(33.3%)	—	—	—	
	其他(9)	7(77.8%)	1(11.1%)	1(11.1%)	—	—	

2）灯具

医院化验室、手术室、候诊室、药房、实验室大都采用嵌入或吸顶式格栅灯，病房选用的灯具类型较多，如格栅灯、磨砂玻璃灯罩、间接荧光灯具等，见表 5.2.6-3。

3）平均照度

各类房间的平均照度值及其所占比例见表 5.2.6-4。

表 5.2.6-3　医院建筑使用灯具统计表

	灯具类型	嵌入或吸顶式格栅灯	搪瓷或铝制控照灯	简易型灯具或裸灯	其　他	备　注
房间数量及其所占的百分比	治疗室(9)	3(33.4%)	2(22.2%)	2(22.2%)	2(22.2%)	磨砂玻璃2
	化验室(13)	10(76.9%)	2(15.4%)	1(7.7%)	—	
	手术室(3)	2(66.7%)	—	—	2(66.7%)	磨砂1 格栅+筒1
	诊室(17)	10(58.7%)	3(17.7%5)	1(5.9%)	3(17.7%)	磨砂2、壁挂1
房间数量及其所占的百分比	候诊室(16)	11(68.8%)		1(6.2%)	5(31.2%)	磨砂1、间接1 筒灯2、格栅+筒灯1
	病房(24)	5(20.8%)	4(16.7%)	9(37.5%)	7(29.2%)	磨砂3、间接3 格栅+筒灯1
	护士站(14)	7(50.0%)	2(14.3%)	2(14.3%)	4(28.6%)	磨砂2 盒式+筒灯1
	药房(6)	4(66.7%)		2(33.3%)		
	实验室(3)	3(100.0%)	—	—	—	
	其他(9)	4(44.5%)		3(33.3%)	2(22.2%)	磨砂1

表 5.2.6-4　各类房间的平均照度值及其所占比例

平均照度 E_{av} (lx)	照度范围	E_{av} < 50	50≤ E_{av} < 150	150≤ E_{av} < 250	250≤ E_{av} < 350	350≤ E_{av} < 450	E_{av} ≥450
	中间值	—	100	200	300	400	
房间数量及其所占的百分比	治疗室(9)	—	4(44.5%)	3(33.3%)	2(22.2%)	—	
	化验室(14)	—	1(7.1%)	5(35.8%)	5(35.8%)	3(21.3%)	
	手术室(3)	—	—	—	3(100.0%)	—	
	诊室(17)	—	7(41.2%)	7(41.2%)	3(17.6%)	—	
	候诊室(16)	1(6.2%)	6(37.6%)	6(37.6%)	2(12.4%)		1(6.2%)
	病房(25)	4(16.0%)	12(48.0%)	8(32.0%)	—	1(4.0%)	
	护士站(17)	—	10(58.8%)	4(23.5%)	2(11.8%)	1(5.9%)	
	药房(7)	—	3(42.8%)	1(14.3%)	2(28.6%)	1(14.3%)	
	实验室(3)	—	—	3(100.0%)	—	—	
	其他(9)	—	5(55.6%)	3(33.3%)	1(11.1%)	—	

4) 照度均匀度

各类房间的照度均匀度及其所占的比例见表 5.2.6-5。

表 5.2.6-5　各类房间的照度均匀度及其所占比例

平均均匀度 U		$U<0.5$	$0.5 \leqslant U<0.6$	$0.6 \leqslant U<0.7$	$U \geqslant 0.7$
房间数量及其所占的百分比	治疗室(9)	—	2(22.2%)	—	7(77.8%)
	化验室(14)	1(7.1%)	—	6(42.9%)	7(50.0%)
	手术室(3)	—	—	—	3(100.0%)
	诊室(17)	1(5.9%)	1(5.9%)	3(17.6%)	12(70.6%)
	候诊室(16)	1(6.2%)	3(18.8%)	1(6.2%)	11(68.8%)
	病房(25)	7(28.0%)	4(16.0%)	8(32.0%)	6(24.0%)
	护士站(17)	1(5.9%)	2(11.8%)	3(17.6%)	11(64.7%)
	药房(7)	—	2(28.6%)	—	5(71.4%)
	实验室(3)	2(66.7%)	—	1(33.3%)	—
	其他(9)	1(11.1%)	—	—	8(88.9%)

2　普查结果

1) 光源

医院治疗室、化验室、手术室、诊室、候诊室、病房、护士站等光源使用情况见表 5.2.6-6。房间 80% 以上采用 T8-2X36W、T8-3X18W 荧光灯和 T12 荧光灯，少数房间用节能灯、白炽灯或节能灯、白炽灯与荧光灯组合使用。

表 5.2.6-6　医院建筑使用光源统计表

光源	房间名称	T8 荧光灯	T12 荧光灯	节能灯	白炽灯	T5 荧光灯	备　注
房间数量及其所占的百分比	治疗室(18)	7(38.9%)	11(61.1%)	—	—	—	T12 + 紫外线灯 1
	化验室(17)	7(41.2%)	10(58.8%)	—	—	—	
	手术室(18)	9(50.0%)	9(50.0%)	—	—	—	T8 + 无影灯 1 T8 + 紫外线灯 1 T12 + 紫外线灯 1

光源	房间名称	T8荧光灯	T12荧光灯	节能灯	白炽灯	T5荧光灯	备 注
房间数量及其所占的百分比	诊室(25)	12(48.0%)	12(48.0%)	—	—	1(4.0%)	
	候诊室(10)	5(50.0%)	3(30.0%)	1(10.0%)	2(20.0%)	—	T8+节能灯1
	病房(27)	12(44.5%)	11(40.7%)	3(11.1%)	4(14.8%)	1(3.7%)	T12+白炽+环形灯1 环形灯+白炽灯1 T12+白炽灯1
	护士站(16)	4(25.0%)	11(68.8%)	1(6.2%)	—		
	药房(22)	7(31.8%)	15(68.2%)	—	—	—	
	实验室(3)	1(66.7%)	2(33.3%)				
	其他(11)	6(54.5%)	5(45.5%)	—	1(9.1%)	—	T12+白炽灯1

2) 灯具

医院化验室、手术室、候诊室、护士站、药房大都采用嵌入或吸顶式格栅灯，病房选用的灯具类型较多，如控照灯、筒灯、漫射 PS 板灯具等，见表 5.2.6-7。

表 5.2.6-7 医院建筑使用灯具统计表

	灯具类型	嵌入或吸顶格栅灯	搪瓷或铝制控照灯	简易型灯具或裸灯	其 他	备 注
房间数量及其所占的百分比	治疗室(15)	7(46.7%)	4(26.7%)	2(13.3%)	2(13.3%)	高效净化1、筒灯1
	化验室(15)	8(53.3%)	6(40.0%)	1(6.7%)	—	
	手术室(14)	4(28.6%)	8(57.1%)	—	3(21.4%)	高效净化2 吸顶+壁灯1
	诊室(23)	8(34.8%)	13(56.6%)	1(4.3%)	1(4.3%)	筒灯1
	候诊室(10)	6(60.0%)	3(30.0%)	1(10.0%)	1(10.0%)	格栅+筒灯1
	病房(25)	1(4.0%)	19(76.0%)	2(8.0%)	5(20.0%)	嵌入灯盘+筒灯1 高效净化1、筒灯1 环形光盘+筒灯1 漫射PS板1

灯具类型		嵌入或吸顶格栅灯	搪瓷或铝制控照灯	简易型灯具或裸灯	其 他	备 注
房间数量及其所占的百分比	护士站(11)	5(45.5%)	5(45.4%)	1(9.1%)	—	
	药房(18)	9(50.0%)	6(33.3%)	1(5.6%)	2(11.1%)	高效净化1、筒灯1
	实验室(3)	1(33.4%)	1(33.3%)	—	1(33.3%)	高效净化1
	其他(11)	2(18.2%)	6(45.4%)		4(36.4%)	高效净化1、筒灯1 高效净化+筒灯1

3) 设计照度

各类房间的设计照度值及其所占百分比见表5.2.6-8。

表 5.2.6-8　各类房间的设计照度值及其所占百分比

照度 E (lx)	范 围	$E < 50$	$50 \leqslant E < 150$	$150 \leqslant E < 250$	$250 \leqslant E < 350$	$350 \leqslant E < 450$	$E > 450$
	中间值	—	100	200	300	400	—
房间数量及其所占的百分比	治疗室(17)	—	8(47.1%)	8(47.0%)	1(5.9%)	—	—
	化验室(16)	—	4(25.0%)	11(68.8%)	1(6.2%)	—	—
	手术室(18)	—	2(11.1%)	9(50.0%)	4(22.2%)	1(5.6%)	2(11.1%)
	诊室(24)	—	8(33.3%)	14(58.4%)	2(8.3%)	—	—
	候诊室(10)	—	10(100.0%)	—	—	—	—
	病房(25)	7(28.0%)	15(60.0%)	3(12.0%)	—	—	—
	护士站(15)	—	9(60.0%)	6(40.0%)	—	—	—
	药房(21)	—	10(47.6%)	10(47.6%)	1(4.8%)	—	—
	实验室(3)	—	1(33.3%)	2(66.7%)	—	—	—
	其他(11)	—	1(9.1%)	9(81.8%)	1(9.1%)	—	—

3　医院建筑的国内外照度标准值对比见表5.2.6-9。

表 5.2.6-9　医院建筑国内外照度标准值对比

房间或场所	本调查			行业标准 JGJ 49—88	CIE S 008/E-2001	美国 IESNA-2000	日本 JIS Z 9110-1979	德国 DIN5035-1990	本标准
	重点		普查						
	照度范围	平均照度							
治疗室	100~200 (77.8%)	180	100~200 (85.2%)	50~100	1000 500(一般)	300	300~750	300	300
化验室	200~300 (71.6%)	260	200~300 (93.8%)	75~150	500	500	200~500	500	500
手术室	>300 (100%)	417	200~300 (72.2%)	100~200	1000	3000~10000	750~1500	1000	750
诊室	100~200 (82.4%)	173	100~200 (91.7%)	75~150	500	300(一般) 500(工作台)	300~750	500 1000	300
候诊室	100~200 (75.2%)	177	100 (100%)	50~100	200	100(一般) 300(阅读)	150~300	—	200
病房	100~200 (80%)	120	100 (60%)	15~30	100(一般，阅读) 300(检查)	50(一般) 300(阅读) 500(诊断)	100~200	100(一般) 200(阅读) 300(检查)	100
护士站	100~200 (82.3%)	154	100~200 (100%)	75~150	—	300(一般) 500(桌面)	300~750	300	300
药房	100~200 (94.1%)	211	100~200 (95.2%)	—	500	500	300~750	—	500
重症监护室	—	—	—	—	—	—	—	300	300

4 结果分析和结论

1) 医院治疗室、化验室、手术室、诊室、候诊室、病房、护士站、药房、实验室等照明普遍采用管形荧光灯，大多选用 T8 型荧光灯。

2) 治疗室的实测照度大多数在 100～200lx 之间，平均照度为 180lx，我国行标高档为 100lx，而国际及国外的照度标准均在 300～500lx 之间，高的可达 1000lx。考虑我国实际情况，提高到 300lx，还是现实可行的，故本标准定为 300lx。

3) 化验室的实测照度大多数在 200～300lx 之间，平均照度为 260lx，而国外标准多在 500lx，考虑到化验的视觉工作精细，参照国外标准，本标准也定为 500lx。

4) 手术室一般照明实测照度多在 200～300lx 之间，我国行标高档为 200lx，而国外平均在 1000lx 左右，美国高达 3000lx 以上，而本标准是采用国外的最低标准，定为 750lx。

5) 诊室的实测照度在 100～200lx 之间，平均为 173lx，我国行标最高为 150lx，而国外多数在 300～500lx 之间。对现有诊室照度水平，医生反映均偏低，故本标准提高到 300lx。

6) 候诊室的实测照度多数在 100～200lx 之间，平均为 177lx，我国行标高档为 100lx，而 CIE 标准为 200lx，美国和日本为 100～300lx 之间，考虑候诊室可比诊室照度低一级，本标准定为 200lx。挂号厅的照度与候诊室的照度相同。

7) 病房的实测照度多数在 100～200lx 之间，平均为 120lx，我国行标最高为 100lx，而国外一般照明为 100lx，只有在检查和阅读时要求照度为 200～500lx，此时多可用局部照明来实现，本标准定为 100lx。

8) 护士站的实测照度多在 100～200lx 之间，平均为 154lx，我国行标高档为 150lx，护士人员反映偏低，医护人员多在此处书写记录，而国外多在 300～500lx 之间，本标准将照度提高到 300lx。

9) 药房的实测照度多在 100～200lx 之间，美国为 500lx，日本为 300～750lx，考虑到药房视觉工作要求较高，需较高的照度，才能识别药品名，本标准定为500lx。

10）重症监护室是医疗抢救重地，要求有很高的照度，以满足精细的医疗救护工作的需要，参照 CIE 标准，本标准定为500lx。

11）医院各房间的统一眩光值（UGR）和显色指数（Ra）是参照 CIE 标准《室内工作场所照明》S 008/E-2001 制订的。

12）关于照度均匀度，无论是我国标准还是 CIE 国际标准都规定不得小于 0.7，实测表明治疗室照度均匀度大于 0.7 的达到77.8%，诊室达到 70.6%。

5.2.7 学校建筑照明标准值是根据对我国六大区的 99 所学校建筑的照明调查结果，并参考我国《中小学校建筑设计规范》GBJ 99—86、CIE 标准以及一些国家的照明标准经综合分析研究后制订的。原标准无此项标准，为新增项目。

重点调查在全国范围内共完成了 5 个城市 12 间学校的 15 个阶梯教室，6 个城市 29 间学校的 45 个普通教室，4 个城市 7 间学校的 10 个实验室以及 1 个美术教室照明的现场测量工作。

普查共完成了 5 个城市 11 间学校的 12 个阶梯教室，16 个城市 57 间学校的 69 个普通教室，7 个城市 11 间学校的 18 个美术教室，13 个城市 35 间学校的 44 个多媒体教室，14 个城市 36 间学校的 41 个实验室，以及 4 个其他教室和部分办公室管理用房的照明普查工作。

1　重点调研结果

1）光源

无论是阶梯教室、普通教室、实验室、美术教室还是多媒体教室全都采用直管形荧光灯（包括 T5、T8 和 T12 三个品种）。

2）灯具

阶梯教室、普通教室、实验室、美术教室、多媒体教室总计72 间所采用的灯具分类见表 5.2.7-1。

3）平均照度

各类教室的平均照度值及其所占比例见表 5.2.7-2。

表 5.2.7-1　灯具分类

灯具类型	嵌入或吸顶式格栅灯	搪瓷或铝制控照灯	简易性灯具或裸灯	其　他
教室数量及其所占的百分比	16(22.2%)	36(50%)	19(26.4%)	1(1.4%)

表 5.2.7-2　各类教室的平均照度值及其所占比例

平均照度 E_{av} (lx)	照度范围	E_{av} < 150	$150 \leqslant E_{av}$ < 250	$250 \leqslant E_{av}$ < 350	$350 \leqslant E_{av}$ < 450	$450 \leqslant E_{av}$ < 550	$E_{av} \geqslant 550$
	中间值	—	200	300	400	500	—
教室数量及其所占的百分比	阶梯教室	3(20%)	7(46.6%)	3(20%)	1(6.7%)	0	1(6.7%)
	普通教室	9(20%)	20(44.4%)	12(26.7%)	2(4.4%)	1(2.2%)	1(2.2%)
	实验室	1(10%)	3(30%)	4(40%)	1(10%)	0	1(10%)
	美术教室	—	1(100%)	—	—	—	—
	多媒体教室	—	—	1(100%)	—	—	—

4) 照度均匀度

各类教室的照度均匀度及其所占的比例见表5.2.7-3。

表 5.2.7-3　各类教室的照度均匀度及其所占比例

平均均匀度 U		$U < 0.5$	$0.5 \leqslant U < 0.6$	$0.6 \leqslant U < 0.7$	$U \geqslant 0.7$
教室数量及其所占的百分比	阶梯教室	—	—	5 (33.3%)	10 (66.7%)
	普通教室	6 (13.6%)	3 (6.8%)	5 (11.4%)	30 (68.2%)
	实验室	—	—	2 (20%)	8 (80%)
	美术教室	—	—	—	1
	多媒体教室	—	—	—	1

5) 黑板垂直照度

若干教室的黑板垂直照度见表5.2.7-4。

表 5.2.7-4　教室黑板垂直照度

垂直照度 E (lx)	$E < 150$	$150 \leqslant E$ < 250	$250 \leqslant E$ < 350	$350 \leqslant E$ < 450	$450 \leqslant E$ < 550	$E \geqslant 550$
教室数量及其所占的百分比	5 (55%)	3 (33.3%)		1 (11.1%)	—	—

2 普查结果

1）光源

统计结果表明，这次普查的大、中、小学阶梯教室、普通教室、实验室、多媒体教室、美术教室共184个均采用直管形荧光灯（包括 T5、T8 和 T12 三个品种），只有 2 个教室采用荧光灯和金属卤化物灯两种光源，1 个教室采用荧光灯、金卤灯、节能灯 3 种光源。

2）灯具

阶梯教室、普通教室、实验室、多媒体教室、美术教室所采用的荧光灯具分类见表 5.2.7-5。

表 5.2.7-5　灯　具　分　类

灯具类型	嵌入或吸顶式格栅灯	搪瓷或铝制控照灯	简易性灯具或裸灯	其　他
教室数量及其所占的百分比	50（29.1%）	46（26.7%）	75（43.6%）	1（0.6%）

3）设计照度

各类教室的设计照度值及其所占百分比见表 5.2.7-6。

表 5.2.7-6　各类教室的设计照度值及其所占百分比

照度 E (lx)	范　围	$E < 150$	$150 \leqslant E < 250$	$\leqslant 250 < E < 350$	$350 \leqslant E < 450$	$\leqslant 450 < E < 550$	$E > 550$
	中间值	—	200	300	400	500	—
教室数量及其所占的百分比	阶梯教室	—	9(75%)	3(25%)	—	—	—
	普通教室	2(3%)	52(77.6%)	11(16.4%)	2(3%)	—	—
	实验室	2(5.1%)	30(76.9%)	7(17.9%)	—	—	—
	美术教室	1(5.9%)	10(58.8%)	6(35.3%)	—	—	—
	多媒体教室	3(7%)	26(60.5%)	13(30.2%)	—	1(2.3%)	—

3　学校建筑的国内外照度标准值对比见表 5.2.7-7。

表 5.2.7-7　学校建筑国内外照度标准值对比

单位：lx

房间或场所	本调查			国标 GBJ 99—86	CIE S 008/E -2001	美国 IESNA -2000	日本 JIS Z 9110 -1979	德国 DIN5035 -1990	俄罗斯 СНиП 23-05-95	本标准
	重点		普查							
	照度范围	平均照度								
教室	200~300 (66.6%)	232	200~300 (94%)	150	300 500（夜校、成人教育）	500	200~750	300 500	300	300
实验室	200~300 (70%)	295	200~300 (94.8%)	150	500	500	200~750	500	300	300
美术教室	—	196	200~300 (94.1%)	200	500 750	500	—	500	—	500
多媒体教室	—	300	200~300 (90.7%)	200	500	—	—	500	400	300
教室黑板	<150 (55%)	170	—	200 （黑板面）	500	—	—	—	500	500

4 结果分析和结论

1）学校教室照明普遍采用管形荧光灯，不少新建学校采用各项性能更加优越的 T5 荧光灯，这是正确选择。

2）当前所采用的荧光灯灯具问题较多。搪瓷制的旧式控照灯效率低下，配光性能不好，即使铝制控照灯其光效和配光也不一定符合教室照明要求；简易式灯具或裸灯还占很大比例，要百分之百停止使用。真正合格的灯具所占比例不多。

3）有近 10 个新建教室平均照度值达 315～605lx，照度均匀度大于 0.7，而相应的功率密度为 12.4～15.0W/m^2，产生 1lx 的单位面积能耗为 0.025～0.038（W/m^2·lx）符合或接近符合国际标准。

4）我国标准规定学校教室黑板垂直照度不应低于 200lx，CIE 规定是 500lx。实测表明有一半以上教室黑板连 200lx 的要求也没有达到，而且往往有眩光。

5）我国现行的学校照明标准确实太低。通过在测试现场访问正在自习的学生和我们测试人员的主观评价，表明多数教室照度不足，偏暗，确实需要提高我国标准。

6）教室的实测照度多数在 200～300lx 之间，平均照度为 232lx，实际照度和设计照度均较低，国标 GBJ 99—86 为 150lx。而 CIE 标准规定普通教室为 300lx，夜间使用的教室，如成人教育教室等，照度为 500lx。美国为 500lx，德国与 CIE 标准相同，日本教室为 200～750lx。本标准参照 CIE 标准的规定，教室定为 300lx，包括夜间使用的教室。

7）实验室的实测照度大多数在 200～300lx 之间，平均照度为 294lx，国标 GBJ 99—86 为 150lx，偏低，多数国家为 300～500lx，本标准定为 300lx。

8）美术教室的普查照度多在 200～300lx 之间，国标 GBJ 99-86 为 200lx，国外标准多为 500lx，因美术教室视觉工作精细，本标准定为 500lx。

9）多媒体教室的普查照度多在 200～300lx 之间，国标 GBJ 99-

86 为 200lx，国外照度标准为 400 ~ 500lx 之间，考虑因有视屏视觉作业，照度不宜太高，本标准定为 300lx。

10）目前还有部分教室无专用的黑板照明灯，必须专门设置。黑板垂直面的照度至少应与桌面照度相同，为保护学生视力，本标准将原国标 GBJ 99-86 的 200lx，提高到 500lx。

11）学校建筑各种教室的统一眩光值（UGR）和显色指数（Ra）是根据 CIE 标准《室内工作场所照明》S 008/E-2001 制订的。

12）关于照度均匀度，无论是我国标准还是 CIE 国际标准都规定不得小于 0.7，实测表明大多数教室能达到这一指标（平均合格率达 90% 以上）。

5.2.8 博物馆照明标准值是在对 27 所博物馆照明实测基础上，参照 CIE 标准和一些国家博物馆照明标准，以及采用我国行业标准《博物馆照明设计标准》而制订的。原标准无此项标准，为新增项目。

重点调查在全国范围内共完成了 5 个城市 12 所博展馆的现场测量工作。

1 博物馆陈列室照明

1）光源

一般照明多用直管形荧光灯、紧凑型荧光灯。

重点照明多用卤钨灯，陈列橱、柜也用管形荧光灯。

2）灯具

荧光灯配套灯具多用格栅灯具、带专门设计反光面灯具，紧凑型荧光灯则多配套筒灯，卤钨灯则制成冷光射灯、PAR 灯等。

3）陈列室的一般照明

重点调查实测的陈列室一般照明平均照度及照度均匀度见表 5.2.8-1。

普查得到的陈列室一般照明设计照度见表 5.2.8-2。

4）陈列室展品照明

表 5.2.8-1　实测的陈列室一般照明平均照度及照度均匀度

平均照度（lx）及照度均匀度值	备　注
227(0.47)*,204(0.85)207,119(0.43),146(0.82),97(0.43),93(0.76), 123(0.4),67(0.72)50,16,16,6	最高　227 最低　6 平均　105

注：*括号内的数字为照度均匀度。

表 5.2.8-2　普查得的陈列室一般照明设计照度

设计照度（lx）	备　注
200, 200, 200, 250, 200, 200, 200	最高　250 最低　200 平均　207

重点调查实测的展品照度及照度均匀度见表 5.2.8-3。

表 5.2.8-3　实测的展品照度及照度均匀度

展品类别	平均照度（lx）及照度均匀度值	备　注
对光特别敏感的展品，如：国画，水彩画，像片等	299（0.48）*，448（0.42），654(0.55)，650 (0.26)	最高　654 最低　299 平均　513
对光敏感的展品，如：油画、竹木制品、骨制品等	300，246（0.3），227（0.59），225（0.38），245，231，200，200，175（0.5），155，171，108（0.81），105(0.53)，85（0.78），85，106（0.39）	最高　300 最低　85 平均　179
对光不敏感展品，如：青铜器、陶器等	339（0.59），370（0.73）	最高　370 最低　339 平均　355

注：*括号内的数字为照度均匀度。

2　博物馆的国内外照度标准值对比见表 5.2.8-4。

表 5.2.8-4　博物馆陈列室展品国内外照度标准值对比　　　　单位：lx

类　别	本调查				博物馆行业标准	CIE 博物馆标准 1984	美国 IESNA -2000	英国 CIBS -1984	日本 JIS Z 9110 -1979	俄罗斯 СНиП 23-05 -95	本标准
	重　点			普查							
	最高照度	最低照度	平均照度								
对光特别敏感展品	654	299	513	—	≤50	50		50	75~150	50~75	50

类别	本调查				博物馆行业标准	CIE博物馆标准1984	美国 IESNA-2000	英国 CIBS-1984	日本 JIS Z 9110-1979	俄罗斯 CHиII 23-05-95	本标准
	重点			普查							
	最高照度	最低照度	平均照度								
对光敏感展品	300	85	179	—	≤150	150	—	150	300~750	150	150
对光不敏感展品	370	339	355	—	≤300	300	无限制	无限制	750~1500	200~500	300

3 结果分析和结论

1）国家文物局 2000 年 12 月颁布的《博物馆照明设计规范》规定的照度标准为：对光特别敏感的展品，≤50lx；对光敏感的展品，≤150lx；对光不敏感的展品，≤300lx；陈列室一般照明按展品照度值的 10%~20% 选取。实测结果表明，无论是这三类展品的照明，还是陈列室的一般照明大多数博物馆都能符合要求。平均起来说，对光敏感展品照度（179lx）、对光不敏感展品照度（355lx）与标准要求接近，而一般照明照度（207lx）和对光特别敏感的展品照度（513lx）则超过标准许多，一些陈列室展品照度和一般照明照度均可以降低。总之，目前我国的博物馆陈列室执行国家文物局现行设计标准（基本上也是 CIE、国际博物馆协会的标准）是没有问题的。

2）根据陈列室一般照明的照度低于展品照度的原则，一般照明的照度按展品照度的 20%~30% 选取。

3）根据 CIE 标准的规定，统一眩光值（UGR）应为 19，对辨色要求高的展品，其显色指数（Ra）不应低于 90，对于显色要求一般的展品显色指数（Ra）为 80。

5.2.9 展览馆展厅的照度，本次调查展厅数量少，调查结果说明不了普遍性问题，主要是参照 CIE 标准和一些国家展览馆照明标准而制订的。原标准无此项标准，为新增项目。

1 展览馆展厅的国内外照度标准值对比见表 5.2.9。

表 5.2.9 展览馆展厅国内外照度标准值对比　　　　单位：lx

房间或场所		本 调 查						美 国 IESNA -2000	日 本 JIS Z 9110-1979	俄罗斯 CHиП 23-05-95	本标准
		重 点			普 查						
		最高照度	最低照度	平均照度	最高照度	最低照度	平均照度				
展厅	一般高档	619	610	615	500	150	207	100	200~500	200	200 300

2 展厅照明标准，主要是参考日本、俄罗斯的照度标准制订的。根据不同建筑等级以及不同地区的差别，将展厅分为一般和高档二类。一般展厅定为 200lx，而高档展厅定为 300lx。至于本次实测的展厅是新建的属亚洲最大的广东省展览馆展厅，一般照明初始平均照度为 615lx，维护系数按 0.8 计算，则维持平均照度约为 492lx，照度太高。目前，我国不宜采用此照度值。

3 根据 CIE 标准的规定，展厅的统一眩光值（UGR）为 22，而显色指数（Ra）为 80。

5.2.10 交通建筑照明标准值是根据对我国六大区的 28 座机场、车站、汽车客运交通站的照明调查结果，并参考原国家标准、CIE 标准以及一些国家照明标准经综合分析研究后制订的。本标准中机场建筑照明系新增加项目。

重点调查在全国范围内共完成了 4 个机场、6 个火车站、6 个长途汽车站的售票厅、候车（机）厅、行李厅等四十多个场所的照明现场测量。

普查共完成了 5 个机场、3 个火车站、2 个长途汽车站的售票厅、候车（机）厅等近四十个场所的照明普查工作。

1 重点调研结果

1）光源

综合重点调查和普查结果，交通建筑采用的光源中直管形荧光灯占 42.7%，金卤灯占 33.0%，节能荧光灯占 18.4%，其他（包括高压钠灯，汞灯，白炽灯等）占 5.8%。

2）灯具

交通建筑所采用的灯具品种繁多，和直管形荧光灯配套的有格栅灯具、简易/旧式控照灯具、光带、灯槽等，和金卤灯配套的有投光灯、深照型/广照型工厂灯等，而和节能荧光灯配套的一般都是筒灯。从灯具的外观、加工质量、配光和效率来讲大有改进余地。

3）平均照度

交通建筑各类场所的平均照度值及其所占比例见表5.2.10-1。

表5.2.10-1　交通建筑各类场所平均照度值及其所占比例

场所名称		平均照度 E_{av}（lx）及场所数量所占比例	备　注
售票厅	火车站汽车站	$E_{av} < 100 : 2$（15.4%），$E_{av} \geqslant 200 : 8$（61.5%），$100 \leqslant E_{av} < 200 : 3$（23.1%）	最低56lx，最高637lx，平均241lx
	机　场	$E_{av} < 200 : 0$ $E_{av} \geqslant 200 : 3$	最低230lx，最高446lx，平均314lx
候车（机）厅	火车站汽车站	$E_{av} < 100 : 3$（21.4%）；$E_{av} \geqslant 200 : 6$（42.9%），$100 \leqslant E_{av} < 200 : 5$（35.7%）	最低27.3lx，最高448lx，平均177lx
	机　场		
行李托运认领	火车站汽车站	273	
	机　场	197	
中央大厅	火车站汽车站	约473	
	机　场	约453	
检票安检	火车站汽车站	—	
	机　场	$E_{av} < 200 : 1$　$E_{av} \geqslant 300 : 1$，$200 \leqslant E_{av} < 300 : 2$	最低131lx，最高587lx平均321lx
通道（连接区）	火车站汽车站	130	
	机　场	约575	
到达、出发大厅	机　场	193，271，约710	平均391lx
登记（换票）处	机　场	900，281，280，446	平均476.8lx

2 普查结果

1）光源

见重点调研结果中关于光源的论述。

2）灯具

见重点调研结果中关于灯具的论述。

3）设计照度

交通建筑各类场所的设计照度值及其所占比例见表5.2.10-2。

表5.2.10-2 交通建筑各类场所的设计照度值及其所占比例

场所名称		平均照度 E（lx）及 场所数量所占比例	备　　注
售票厅	火车站 汽车站	100，150	平均125lx
	机　场	500	
候车 （机）厅	火车站 汽车站	75，100，120，150，400	平均169lx
	机　场	$150 \leqslant E < 200:1(10\%)$，$300 \leqslant E < 320$ $:5(50\%)$，$200 \leqslant E < 300:4(40\%)$	最低150lx，最高 320lx，平均255lx
行李托 运认领	火车站 汽车站	200	
	机　场	100，200，280	平均193lx
中央大厅	火车站 汽车站	300	
	机　场	—	
检票安检	火车站 汽车站	—	
	机　场	—	
通　道 （连接区）	火车站 汽车站	150，200	平均175lx
	机　场	100，170，300	平均190lx
到达、出 发大厅	机　场	220	
登记（换 票）处	机　场	200	
站　　口 台	火车站	20，30，30，200	200 lx 为上海磁悬浮 站台照度值

3 交通建筑的国内外照度标准值对比见表5.2.10-3。

表5.2.10-3　交通建筑（火车站、汽车站、机场、码头）国内外照度标准对比　　单位：lx

房间或场所		本调查			原标准 GBJ 133—90	CIE S 008/E-2001	美国 IESNA-2000	日本 JIS Z 9110-1979	本标准
		重点		普查					
		照度范围	平均照度						
售票台		—	—	—	200	—	—	—	500
问讯处		—	—	—	150	500(台面)	—	—	200
候车室(机、船)	普通	100~200(35.7%) >200(42.9%)	177	169(火车站) 255(机场)	50~75~100	200	50	300~750(A) 150~300(B) 75~150(C)	150
	高档				150				200
中央大厅		453~473	463	—	—	200	30	—	200
售票大厅		≥200 (61.5%)	241	125	75~100~150	200	500	300~750(A) 150~300(B)	200
海关、护照检查		—	—	—	100~150~200	500	500	—	500
安全检查		≥200 (75%)	321	—	—	300	300	—	300
换票、行李托运		273	—	—	50~75~100	300	300	—	300
行李认领、到达 大厅、出发大厅		197	—	193	50~75~100	200	50	—	200
通道、连接区、扶 梯		130(火车站) 575(机场) 平均391	—	175~190	15~20~30	150	—	150~300(A) 75~150(B) 50~150(C)	150
站台(有棚) 站台(无棚)		—	—	20~30	15~20~30 10~15~20	—	—	150~300(A) 75~150(B)	75 50

95

4 结果分析和结论

1）交通建筑金卤灯的使用大大增加，这是因为许多售票厅，候机、候车厅，站场中央大厅既大又高，金卤灯最适合这种场所照明。

交通建筑各类场所使用的灯具，很多仍有改进提高的必要。

2）这次调研（包括重点调查和普查）的交通建筑，数量不算太多，有的场所甚至是空白，其结果只能说明一部分问题。

3）售票台台面，原标准为200lx，照度偏低，因工作精神集中，收现金、发票，本标准定为500lx。

4）问讯处的原标准高档为150lx，而 CIE 问讯处台面为500lx，根据我国情况，定为200lx。

5）候车（机、船）室的实测照度多数在150lx以上，原标准高档为150lx。CIE 标准规定为200lx，而日本分为三级，A 级为300～750lx，B 级为150～200lx，C 级为75～150lx。本标准将候车（机、船）室（厅）分为普通和高档二类，普通定为150lx，高档定为200lx。

6）中央大厅的实测照度较高，平均照度为463lx，而原标准最高为100lx。CIE 标准规定为200lx，参照 CIE 标准规定，本标准定为200lx。

7）售票厅的重点实测照度半数大于200lx，平均照度为241lx，而普查只有125lx。原标准高档为150lx，CIE 标准规定为200lx，美国为500lx，而日本分不同等级车站定照度标准，A 级为300～750lx，B 级为150～300lx。根据我国情况，参照 CIE 标准，本标准定为200lx，。

8）海关、护照检查，原标准为200lx，参照 CIE 标准规定，本标准定为500lx。

9）安全检查的实测照度多数大于200lx，平均照度为321lx，CIE 标准和美国均规定为300lx，本标准定为300lx。

10）换票和行李托运的实测照度为273lx，原标准高档为100lx，而 CIE 标准和美国规定均为300lx，本标准定为300lx。

11）行李认领、到达大厅和出发大厅的实测照度为197lx，而 CIE 标准为200lx，本标准参照 CIE 标准，定为200lx。

12）通道、连接区、扶梯的普查平均照度为175～190lx，而原标准高档为30lx，照度太低，而 CIE 标准规定为150lx，日本150lx 是三级中的中间值，本标准定为150lx。

13）本标准有棚站台定为75lx，无棚站台定为50lx，符合现今的实际情况。

14）交通建筑房间或场所的统一眩光值（UGR）和显色指数（Ra）是根据 CIE 标准《室内工作场所照明》S 008/E-2001 制订的。

5.2.11　体育建筑的照明标准值是根据对我国一些主要城市的29 座体育场馆的照明调查结果，并参考原国家标准、CIE 标准以及一些国家的照明标准经综合分析研究后制订的。

重点调查在全国范围内共完成了 6 个城市 6 个体育场，6 个城市 10 个体育建筑的 11 个体育馆、2 个游泳馆、3 个训练馆的重点测量。

普查共完成了 7 个城市 12 个体育场，6 个城市 4 个体育馆，4 个游泳馆的 5 个馆以及一些附属建筑的照明普查工作。

1　重点调研结果

1）光源

体育建筑 6 个体育场，11 个体育馆、2 个游泳馆、3 个训练馆都选用金卤灯作光源。

2）灯具

6 个体育场，11 个体育馆、2 个游泳馆、3 个训练馆都选用投光灯，其中一个体育馆，一个游泳馆选用投光灯具和高悬挂式灯具。

3）平均照度

各类场馆的平均照度值及其所占比例见表 5.2.11-1。

4）照度均匀度

各类场馆的照度均匀度及其所占的比例见表 5.2.11-2。

表 5.2.11-1　各类场馆的平均照度值及其所占比例

平均照度 E_{av} (lx)	照度范围	E_{av} < 500	500≤ E_{av} < 1500	1500≤ E_{av} < 2500	2500≤ E_{av} < 3500	3500≤ E_{av} < 4500	E_{av} ≥4500
	中间值	—	1000	2000	3000	4000	—
场馆数量及其所占的百分比	体育场 (6)	—	3(50.0%)	2(33.3%)	1(16.7%)	—	—
	体育馆 (11)	—	1(9.1%)	7(63.6%)	2(18.2%)	—	1(9.1%)
	游泳馆 (2)	—	1(50.0%)	1(50.0%)	—	—	—
	训练馆 (3)	—	1(33.3%)	2(66.7%)	—	—	—

表 5.2.11-2　各类场馆的照度均匀度及其所占比例

平均均匀度 U		$U < 0.5$	$0.5≤ U < 0.6$	$0.6≤ U < 0.7$	$U ≥ 0.7$
场馆数量及其所占的百分比	体育场(6)	—	2(33.3%)	1(16.7%)	3(50.0%)
	体育馆(11)	—	2(18.2%)	2(18.2%)	7(63.6%)
	游泳馆(2)	—	2(100.0%)	—	—
	训练馆(3)	1(33.3%)	2(66.7%)	—	—

2　普查结果

1）光源

体育建筑 10 家 12 个体育场都选用金卤灯作光源；7 家 4 个体育馆、2 个游泳馆、1 个练习池都选用金卤灯作光源，使用光源见表 5.2.11-3。

表 5.2.11-3　体育建筑使用光源统计表

光　　源	场馆名称	金卤灯	钠　灯	混光照明
场馆数量及其所占的百分比	体育场（12）	12（100.0%）	—	—
	体育馆（4）	4（100.0%）	—	—
	游泳馆（4）	2（50.0%）	1（25.0%）	1（25.0%）
	练习池（1）	1（100.0%）	—	—

2）灯具

体育建筑 10 家 12 个体育场都选用投光灯具；7 家 4 个体育馆、2 个游泳馆都选用投光灯具，使用灯具状况见表 5.2.11-4。

表 5.2.11-4   体育建筑使用灯具统计表

光　源	场馆名称	投光灯	悬吊式	吸顶灯
场馆数量及其所占的百分比	体育场(12)	12(100.0%)	—	—
	体育馆(4)	4(100.0%)	—	—
	游泳馆(4)	2(50.0%)	2(50.0%)	—
	练习池(1)	—	—	1(100.0%)

3）设计照度

各类场馆的设计照度值及其所占百分比见表 5.2.11-5。

表 5.2.11-5   各类场馆的设计照度值及其所占百分比

照度 E (lx)	范　围	$E < 500$	$500 \leq E < 1500$	$1500 \leq E < 2500$	$2500 \leq E < 3500$	$3500 \leq E < 4500$	$E \geq 4500$
	中间值	—	1000	2000	3000	4000	—
场馆数量及其所占的百分比	体育场(12)	—	5(41.7%)	7(58.3%)	—	—	—
	体育馆(4)	—	3(75.0%)	1(25.0%)	—	—	—
	游泳馆(4)	1(25%)	2(50.0%)	1(25.0%)	—	—	—
	练习池(1)	1(100%)	—	—	—	—	—

2   体育场馆的国内外照度标准值对比见表 5.2.11-6。

本标准的表 5.2.11-1 和表 5.2.11-2 规定了各种运动项目所对应的照度标准值，实际上这些运动项目是在综合体育场馆进行的。我们测试的场馆是在全部开灯情况下进行。在实际设计时，均考虑了通过控制提供各种运动项目各种级别所需的照度值。在标准中表 5.2.11-1 所列的照度值是在参考原标准的高档值基础上做了小的调整，表 5.2.11-2 仍然采用原标准的照度值，这与 CIE 标准所规定的彩电转播时照度值一致。

表 5.2.11-6　体育建筑照度国内外照度标准值对比　单位：lx

房间或场所	本调查			原标准GBJ 133—90	CIE No.83-1989	美国 IESNA-2000	日本 JIS Z 9110-1979	本标准
	重点		普查					
	照度范围	平均照度						
体育场	1000~2000 (83.3%)	1870	1000~2000 (100%)	300~500 ~750	500~750 ~1000 (A)	1000~ 1500	750~1500 (正式) 300~750 (一般)	500~750 ~1000 (A)
体育馆	2000 (63.6%)	2387	1000~2000 (100%)	300~500 ~750	750~1000 ~1400 (B)	1500~ 2000	750~1500 (正式) 300~7500 (一般)	750~1000 ~1500 (B)
游泳馆	1000~2000 (100%)	1462	1000~2000 (75%)	300~500 ~750	1000~ 1400 (C)	300~ 750	750~1500 (正式) 300~750 (一般)	1000~ 1500 (C)
训练馆	1000~2000 (100%)	1416	—	200~750				

注：CIE 标准的（A）、（B）和（C）为三组比赛项目的彩电转播照度值，而原标准为非彩电转播照度值。

3　结果分析和结论

1）体育建筑大多用金卤灯作光源，其显色性能比钠灯好，灯具比混光照明简单，有摄像要求时效果显著。

2）体育建筑体育场、体育馆灯具选用投光灯较好，游泳馆可选用投光灯和/或悬吊式灯具，对避免水面的反射眩光有益。

3）根据调查结果，体育场的实测照度大多数在 1000~2000lx 之间，平均照度为 1870lx。

4）体育馆实测照度半数以上为 2000lx，平均照度为 2387lx。

5）游泳馆实测照度多数在 1000~2000lx 之间，平均照度为 1462lx。

6）训练馆实测照度全在 1000~2000lx 之间，平均照度为 1416lx。

根据以上调查分析，我国现有的体育场馆照度均高于 CIE 彩电转播时规定的照度值，而本标准仍然采用 CIE 标准规定的彩电转播时的照度值，因为此值已可以满足各种运动项目比赛和训练所要求的照度。

本标准的表 5.2.11-3 规定了有无彩电转播的眩光值（GR）和显色指数（Ra）。

目前对室外体育场的眩光评价可按 CIE 出版物《室外体育场和广场照明的眩光评价系统》No. 112(1994)的额定眩光值（GR）执行，眩光值（GR）应小于 50。而对体育馆的室内眩光评价尚无规定。

关于显色指数，彩电转播的比赛场馆要求显色指数（Ra）不小于 80，当今大型国际和国内比赛要求显色指数（Ra）甚至不宜小于 90。而对于非彩电转播的场馆的显色指数（Ra）不应小于 65。

7) 关于照度均匀度，无论是我国标准还是 CIE 国际标准都规定不得小于 0.7，实测表明体育场照度均匀度不小于 0.7 的只有 50.0%，体育馆照度均匀度不小于 0.7 的为 63.3%，游泳馆和训练馆照度均匀度都小于 0.7。

5.3 工 业 建 筑

本节规定了工业建筑的照明标准和统一眩光值（UGR）、显色指数（Ra）标准。和原《工业企业照明设计标准》GB 50034—92 比，照度水平有较大提高。

1 新照度标准的主要变化

1) 取消了原 GB 50034—92 中按视觉作业认别尺寸划分的十个视觉等级，改为直接规定各种作业场所（如车间、工段、工序等）的照度标准值，比较直观，便于实施。

2) 新标准除按原标准规定的机械工业和通用工业场所的照度标准值外，还规定当前应用较多的电子、纺织、制药、食品、造纸、水泥、钢铁、电力、石化等 16 类行业的代表性场所或房间的照度标准值。

3) 原标准 GB 50034—92 规定场所或房间的混合照明或一般照明的照度标准值，而新标准则规定一般照明的照度值。而对于精细工作、视觉要求较高的场所，需要增加局部照明的，其照度另外计算，并规定按该场所一般照明的照度值的 1 ~ 3 倍选取，这样便于设计中实施。因为设计中主要是设计和计算一般照明，对于精细工作场所的局部照明，一部分是工艺设备配套的（如机床工作灯），一部分是设计时装置电源插座，配备台灯（如钳工台、电子装配、仪表装配等），使用单位变更光源功率以及离工作面距离等，灵活性较大，所以设计难以规定得太死。另外，CIE 新标准也是规定一般照明的照度值。

4) 考虑到不同行业的同样房间或场所，其生产使用的精细程度差别较大，根据不同需要，新标准对试验室、检验、控制室、机电装配、机械加工等 14 种场所，按精细程度的高低规定了两档，甚至多档照度标准值，以适应不同生产使用的实际需要。

2 调查结果

编制组对我国近几年设计的 42 种工业场所共 417 个房间进行了普查，对 16 种生产场所共 45 个房间进行了重点调查和实测，这些数据是制订新标准的主要依据。

1) 重点调查结果

① 各类场所使用光源类型见表 5.3-1。

表 5.3-1　各类场所使用光源类型

房间或场所	直管荧光灯		金属卤化物灯		紧凑型荧光灯	
	房间数	所占比例（%）	房间数	所占比例（%）	房间数	所占比例（%）
机械加工，装配，电子生产，制灯，包装，机修，冲压	22	78.6	6	21.4	—	—
电镀，喷漆，腐蚀	3	75	—	—	1	25
实验室，主控制室	7	100	—	—	—	—

房间或场所	直管荧光灯		金属卤化物灯		紧凑型荧光灯	
	房间数	所占比例（％）	房间数	所占比例（％）	房间数	所占比例（％）
配电装置间，冷冻站，泵房，库房	8	88.9	1	11.1	—	—
合　计	40	83.3	7	14.6	1	2.1

② 各类场所使用的灯具类型见表 5.3-2。

表 5.3-2　各类场所使用灯具类型

房间或场所	控照灯		格栅灯		漫射罩灯		筒式灯		其　他	
	房间数	所占比例（％）	房间数	所占比例（％）	房间数	所占比例（％）	房间数	所占比例（％）	房间数	所占比例（％）
机械加工，装配，电子生产，制灯，包装，机修，冲压	18	64.3	2	7.1	1	3.6	2	7.1	5	17.9
电镀，喷漆，腐蚀	2	50	—	—	—	—	1	25	1	25
实验室，主控制室	1	14.3	5	71.4	—	—	—	—	1	14.3
配电装置间，冷冻站，泵房，库房	7	77.8	—	—	—	—	—	—	2	22.2
合　　　计	28	58.3	7	14.6	1	2.1	3	6.2	9	18.8

③ 各类场所的平均照度值分布状况见表 5.3-3。

表 5.3-3　各类场所的平均照度值分布状况

平均照度 E_{av}（lx）	照度范围	$E_{av} < 150$		$150 \leqslant E_{av} < 250$		$250 \leqslant E_{av} < 350$		$350 \leqslant E_{av} < 450$		$450 \leqslant E_{av} < 550$		$E_{av} \geqslant 550$	
	中间值	—		200		300		400		500		—	
房间数和所占百分比		房间数	所占比例（％）	房间数	所占比例（％）	房间数	所占比例（％）	房间数	所占比例（％）	房间数	所占比例（％）	房间数	所占比例（％）
机械加工、机修、冲压		—	—	2	28.6	2	28.6	1	14.3	1	14.3	1	14.3
装配		—	—	—	—	3	60	—	—	2	40	—	—

平均照度 E_{av} (lx) 照度范围	$E_{av} < 150$		$150 \leqslant E_{av} < 250$		$250 \leqslant E_{av} < 350$		$350 \leqslant E_{av} < 450$		$450 \leqslant E_{av} < 550$		$E_{av} \geqslant 550$	
中间值	—		200		300		400		500		—	
电子生产、制灯、包装、老化、电缆生产	—	—	4	28.6	6	42.8	2	14.3	—	—	2	14.3
电镀	—	—	—	—	—	—	—	—	—	—	1	100
喷漆、腐蚀	—	—	1	33.3	—	—	2	66.7	—	—	—	—
实验室	—	—	—	—	—	—	—	—	—	—	2	100
主控制室	—	—	2	40	1	20	1	20	—	—	1	20
配电装置间、冷冻站、泵房	3	60	2	40	—	—	—	—	—	—	—	—
库房	2	66.7	—	—	1	33.3	—	—	—	—	—	—
合　计	5	11.1	11	24.4	13	28.9	6	13.3	3	6.7	7	15.6

④ 各类场所的照度均匀度状况见表 5.3-4。

表 5.3-4　各类场所的照度均匀度状况

照度均匀度 U 房间数和所占百分比	$U < 0.5$		$0.5 \leqslant U < 0.6$		$0.6 \leqslant U < 0.7$		$U \geqslant 0.7$	
	房间数	所占比例（%）	房间数	所占比例（%）	房间数	所占比例（%）	房间数	所占比例（%）
机械加工、装配、电子生产、制灯、包装、机修、冲压	2	7.7	1	3.8	2	7.7	21	80.8
电镀、喷漆、腐蚀	—	—	—	—	—	—	4	100
实验室、主控制室	—	—	1	14.3	1	14.3	5	71.4
配电装置间、冷冻站、库房	1	12.5	—	—	2	25	5	62.5
合　计	3	6.7	2	4.4	5	11.1	35	77.8

2）普查结果

① 各类场所使用的光源类型见表 5.3-5。

② 各类场所使用的灯具类型见表 5.3-6。

③ 各场所的设计照度值分布状况见表 5.3-7。

表 5.3-5　各类场所使用的光源类型

房间或场所	直管荧光灯		金属卤化物灯		高压钠灯		白炽灯	
	房间数	所占比例（%）	房间数	所占比例（%）	房间数	所占比例（%）	房间数	所占比例（%）
机械加工、装配、机修	40	59.7	27	40.3	—	—	—	—
电子生产、制药	54	100	—	—	—	—	—	—
焊接、钣金、冲压、热处理、铸造、锻造、木工	9	21.9	30	73.2	2	4.9	—	—
电镀、喷漆、酸洗、抛光	23	53.4	18	41.9	2	4.7	1	—
实验室、检验室、计量室	50	92.6	3	5.6	1	1.9	—	—
控制室、电话站、计算机站	44	100	—	—	—	—	—	—
变电站、电源室	27	79.4	—	—	—	—	7	20.6
动力站：风机、空调机、冷冻机、泵、锅炉房等	26	44.8	21	36.2	—	—	11	19.0
库房	25	67.6	9	24.3	1	2.7	2	5.4
合　计	298	68.8	108	24.9	6	1.4	21	4.9

表 5.3-6　各类场所使用的灯具类型

房间或场所	控照灯		格栅灯		简式灯		其他灯	
	房间数	所占比例（%）	房间数	所占比例（%）	房间数	所占比例（%）	房间数	所占比例（%）
机械加工、装配、机修	51	76.1	10	14.9	1	1.5	5	7.5
电子生产、制药	44	81.4	5	9.3	—	—	5	9.3
焊接、钣金、冲压、热处理、铸造、锻造、木工	31	79.4	4	10.3	—	—	4	10.3
电镀、喷漆、酸洗、抛光	19	45.2	—	—	—	—	23	54.8
实验室、检验室、计量室	25	46.3	23	42.6	—	—	6	11.1
控制室、电话站、计算机站	16	34.8	25	54.3	4	8.7	1	2.2
变电站、电源室	24	64.9	3	8.1	8	21.6	2	5.4
动力站：风机、空调机、冷冻机、泵、锅炉房等	49	87.5	4	7.1	1	1.8	2	3.6
库房	31	81.6	2	5.3	1	2.6	4	10.5
合　计	290	67.0	76	17.5	15	3.5	52	12.0

注：表中其他灯包括防水防尘灯、防腐灯、密闭灯、防爆灯、净化灯和漫射罩灯。

　　3　工业场所照度标准和调查数据及国内外标准的对比见表5.3-8。

表 5.3-7　各场所的设计照度值分布状况

平均照度 E 照度范围 (lx)	E<150		150≤E<250		250≤E<350		350≤E<450		450≤E<550		E≥550	
中间值	—		200		300		400		500		—	
房间数和所占百分比	房间数	所占比例(%)	房间数	所占比例(%)	房间数	所占比例(%)	房间数	所占比例(%)	房间数	所占比例(%)	房间数	所占比例(%)
机械加工	—	—	7	25.9	12	44.5	2	7.4	6	22.2	—	—
装配	—	—	3	12.5	8	33.3	2	8.4	8	33.3	3	12.5
电子元器件、材料、制药	1	1.8	12	22.2	21	38.9	—	—	20	37.1	—	—
焊接、钣金、冲压、热处理	—	—	7	38.9	6	33.3	—	—	5	27.8	—	—
铸造、锻工	—	—	11	68.7	3	18.7	1	6.3	1	6.3	—	—
电镀	—	—	1	10.0	5	50.0	2	20.0	2	20.0	—	—
喷漆、酸洗、清洗、抛光	3	10.3	9	31.3	12	41.4	—	—	5	17.2	—	—
机修、木工	—	—	7	33.3	9	42.9	—	—	5	23.8	—	—
实验室、检验室、计量室	2	3.7	9	16.7	21	38.8	1	1.9	19	35.2	2	3.7
控制室、电话站、计算机站	—	—	3	6.8	23	52.3	1	2.3	17	38.6	—	—
变电站、电源室	7	22.6	16	51.6	8	25.8	—	—	—	—	—	—
动力站：风机、调压站、冷冻、锅炉房、泵等	24	45.3	23	43.4	5	9.4	—	—	1	1.9	—	—
仓库	14	38.9	17	47.2	5	13.9	—	—	—	—	—	—
合计	51	12.2	125	30.0	138	33.1	9	2.2	89	21.3	5	1.2

表 5.3-8　工业建筑国内外照度标准值对比

单位：lx

房间或场所		本调查		原标准 GB 50034-92	CIE S 008/E -2001	德国 DIN5035 -1990	美国 IESNA-2000	日本 JIS Z 9110-1979	俄罗斯 CHull 23-05-95	本标准
		重点	普查							
1　通用房间或场所										
试验室	一般	771	313	150	500	300	—	300	—	300
	精细	—	—	—	—	—	—	3000	—	500
检验	一般	—	408	—	750~1000	750	300	300~3000	200	300
	精细、有颜色要求	—		—		—	1000			750
计量室、测量室		—	400	200	500	—	3000~10000	—	—	500
变配电站	配电装置室	131	219	50	200~500	—	500, 300,100	150~300	150,200	200
	变压器室	—	131	30	—	100	—	75		100
电源设备室、发电机室		—	220	50	200	100	500, 300,100	150~300	150,200	200
控制室	一般控制室	332	267	100	300	—	100	300	150(300)	300
	主控制室	—	381	200,150	500	—	—	750	—	500
电话站、网络中心		—	400	150	—	300	500, 300,100	—	150,200	500
计算机站		—	400	—	500	—	500, 300,100	—	—	500

房间或场所		本调查 重点	本调查 普查	原标准 GB 50034—92	CIE S 008/E -2001	德国 DINS035-1990	美国 IESNA-2000	日本 JIS Z 9110-1979	俄罗斯 СНиП 23-05-95	本标准
动力站	风机房、空调机房	—	120	30	200	100	500, 300,100	150~300	50	100
	泵房	130	175	30	200	100		—	150,200	100
	冷冻站	130	175	50	200	100		—	—	150
	压缩空气站	—	150	50	—	—		—	150,200	150
	锅炉房、煤气站的操作层	—	99	30	100	100		30	50~150	100
仓库	大件库	158	91	10	100	50	50	50	50	50
	一般件库		156	15		100	100	75	75	100
	精细件库		217	30		200	300	—	200	200
	车辆加油站	—	—	—		100	—	—	—	100
2 机、电工业										
机械加工	粗加工	443	208	50(500)	—	—	300	300	200(1000)	200
	一般加工 公差≥0.1mm		300	75(750)	300	300	500	750	200(1500)	300
	精密加工 公差<0.1mm		392	150(1500)	500	500	3000~10000	1500~3000	200(2000)	500
机电、仪表装配	大件	376	250	75	200	200	300	300	200(500)	200
	一般件		340	100(750)	300	300	500	3000	300(750)	300
	精密		574	150(1500)	500	500	3000~10000		—	500
	特精密									750

续表 5.3-8

房间或场所		本调查		原标准 GB 50034—92	CIE S 008/E -2001	德国 DIN5035 -1990	美国 IESNA-2000	日本 JIS Z 9110-1979	俄罗斯 CHиII 23-05-95	本标准
		重点	普查							
电线、电缆制造		—	—	—	300	300	—	—	—	300
线圈绕制	大线圈	—	—	—	300	300	—	—	—	300
	中等线圈	—	—	—	500	500	—	—	—	500
	精细线圈	—	—	—	750	1000	—	—	—	750
线圈绕注		—	—	—	300	300	—	—	—	300
焊接	一般	—	—	75	300	300	300	200	200	200
	精密	—	310	100	300	300	3000~10000	200	200	300
钣金		—	—	75	300	300	300,500,1000	—	—	300
冲压、剪切		507	270	50(300)	300	200	—	—	—	300
热处理		—	338	50	—	—	—	—	—	200
铸造	熔化、浇铸	—	192	50	300	300	—	—	—	200
	造型	—	330	50(500)	200	200	—	—	—	300
精密铸造的制模、脱壳		—	330	—	500	500	—	—	—	500
锻工		—	200	50	300,200	—	—	—	—	200
电镀		652	350	75	300	300	300,500,1000	—	200(500)	300
喷漆	一般	171	242	75	300	300	—	—	200	300
	精细				750	500	—	—	300	500
酸洗、腐蚀、清洗		431	296	50	—	—	—	—	—	300

房间或场所		本调查		原标准 GB 50034—92	CIE S 008/E-2001	德国 DIN5035-1990	美国 IESNA-2000	日本 JIS Z 9110-1979	俄罗斯 CHиII 23-05-95	本标准
		重点	普查							
抛光	一般装饰性	—	313	200(750)	—	—	—	—	—	300
	精细	—	—	—	—	500	—	—	—	500
复合材料加工、铺叠、装饰		440	—	—	—	—	300,500,1000	—	—	500
机电 修理	一般	—	225	50(500)	—	200	—	—	300(750)	200
	精密	291	300	75(750)	—	500	500	—		300
3 电子工业										
电子元器件		—	380	—	1500	1000	—	1500~3000	—	500
电子零部件		387	375	—	1500	1000	—		—	500
电子材料		—	228	—	—	—	—	—	—	300
酸、碱、药液及粉配制		—	300	—	—	—	—	—	—	300
4 纺织、化纤工业										
纺织		—	225	—	200~1000	200~1000	—	—	—	150~300
化纤		—	132	—	—	—	—	—	—	75~200
5 制药工业										
制药生产		—	334	—	500	—	—	—	—	300
生产流转通道		—	125	—	—	—	—	—	—	200
6 橡胶工业										
炼胶车间		—	300	—	500	—	—	—	—	300
压延压出工段		—	320	—	—	—	—	—	—	300
成型裁断工段		—	320	—	—	—	—	—	—	300
硫化工段		—	230	—	—	—	—	—	—	300

续表 5.3-8

房间或场所		本调查		原标准 GB 50034—92	CIE S 008/E -2001	德国 DIN5035 -1990	美国 IESNA-2000	日本 JIS Z 9110-1979	俄罗斯 CHиII 23-05-95	本标准
		重点	普查							
7 电力工业										
锅炉房		—	70	—	100	100	—	—	75	100
发电机房		—	158	—	200	100	—	—	—	200
主控制室		—	328	—	500	300	—	—	150~300	500
8 钢铁工业										
炼铁		—	142	—	200	50~200	—	—	—	30~100
炼钢		—	200	—	50~200	50~200	—	—	—	150~200
连铸		—	200	—	50~200	50~200	—	—	—	150~200
轧钢		—	150	—	300	50~200	—	—	—	50~200
9 造纸工业		—	160	—	200~500	200~500	—	—	—	150~500
10 食品及饮料工业										
食品	糕点、糖果	—	136	—	200~300	—	—	—	—	200
	乳制品、肉制品	—	143	—	200~500	—	—	—	—	300
饮料		—	120	—	—	—	—	—	—	300
啤酒	糖化	—	120	200	200	—	—	—	—	200
	发酵	—	120	200	200	—	—	—	—	150
	包装	—	120	200	200	—	—	—	—	150
11 玻璃工业										
熔制、备料、退火		—	160	—	300	300	—	—	—	150
窑炉		—	160	—	50	200	—	—	—	100

续表 5.3-8

房间或场所	本调查 重点	本调查 普查	原标准 GB 50034—92	CIE S 008/E -2001	德国 DIN5035 -1990	美国 IESNA-2000	日本 JIS Z 9110-1979	俄罗斯 CHиII 23-05-95	本标准
12 水泥工业									
主要生产车间（破碎、原料粉磨、烧成、水泥粉磨、包装）	—	—	—	200~300	200	—	—	—	100
储 存	—	—	—	—	—	—	—	—	75
输送走廊	—	—	—	—	—	—	—	—	30
粗坯成型	—	—	—	300	200	—	—	—	300
13 皮革工业									
原皮、水浴	—	250	—	200	200	—	—	—	200
转鼓、整理、成品	—	250	—	300	300	—	—	—	200
干 燥	—	—	—	—	—	—	—	—	100
14 卷烟工业									
制丝车间	—	—	—	200~300	200~300	—	—	—	200
卷烟、接过滤嘴、包装	—	—	—	500	500	—	—	—	300

房间或场所	本调查		原标准 GB 50034—92	CIE S 008/E -2001	德国 DIN5035 -1990	美国 IESNA-2000	日本 JIS Z 9110-1979	俄罗斯 CHиII 23-05-95	本标准
	重点	普查							
15 化学、石油工业									
生产场所	—	96	—	50~300	50~200	—	—	—	30~100
生产辅助场所	—	30	—			—	—	—	
16 木业和家具制造									
一般机器加工	—	—	500(500)	—	300	300	—	200	200
精细机器加工	—	40	50(500)	500	500	500,1000	—	(1000)	500
锯木区	—		75	300	200	—	—		300
模型区 一般	—	40	75(500)	750	500	—	—	200	300
模型区 精细	—					—	—	(1000)	750
胶合、组装	—	40	—	300	300	—	—	200	300
磨光、异形细木工	—		—	750	—	—	—	(1000)	750

注：1. 本节工业建筑场所规定的照度都是一般照明的平均照度值，部分场所需要另外增设局部照明，其照度值按作业的精细程度不同，可按一般照明照度的 1.0~3.0 倍选取。

2. 表中数值后带"（）"中的数值，系指包括局部照明在内的混合照明照度值。

3. 表中 GB 50034-92 的照度值系取该标准三档照度值的中间值。

4. 表中 CIE 标准及各国标准数值有一部分系照同类车间的相同工作场所的照度值。而不是标准实际规定的数值。

113

5.4 公 用 场 所

本节所指的公用场所是指公共建筑和工业建筑的公用场所，它们的照度标准值是参考原国家标准、CIE 标准以及一些国家标准经综合分析研究后制订的。除公用楼梯、厕所、盥洗室、浴室的照度比 CIE 标准的照度值有所降低外，其他均与 CIE 标准的规定照度相同。电梯前厅是参照 CIE 标准自动扶梯的照度值制订的。此外，将门厅、走廊、流动区域、楼梯、厕所、盥洗室、浴室、电梯前厅，根据不同要求，分为普通和高档二类，便于应用和节约能源。公用场所国内外照度标准值对比见表 5.4

表 5.4　公用场所国内外照度标准值对比　　单位：lx

房间或场所	原标准 GBJ 133—90	CIE S 008/E -2001	美国 IESNA -2000	日本 JIS Z 9110-1979	德国 DIN5035 -1990	俄罗斯 CHиⅡ 23-05-95	本标准
门厅	—	100	100	200~500	相邻房间照度的2倍	30~150	100(普通) 200(高档)
走廊、流动区域	15~20~30	100	100	100~200	50	20~75	50(普通) 100(高档)
楼梯、平台	20~30~50	150	50	100~300	100	10~100	30(普通) 75(高档)
自动扶梯	—	150	50	500~750 (商店)	100	—	150
厕所、盥洗室、浴室	20~30~50	200	50	100~200	100	50~75	75(普通) 150(高档)
电梯前厅	20~50~75			200~500			75(普通) 150(高档)
休息室	30~50~75 (吸烟室)	100	100	75~150	100	50~75	100
储藏室、仓库	20~30~50	100	100	75~150	50~200	75	100
车库 停车间 检修间	15	75	—	—	—	—	75 200

6 照明功率密度（LPD）值

6.1 制 订 依 据

6.1.1 本条规定了居住建筑的照明功率密度值。当符合本标准第4.1.3和第4.1.4条的规定，照度标准值进行提高或降低时，照明功率密度值应按比例提高或折减。对34户居住建筑房间的照明状况进行了重点实测调查，居住建筑的照明功率密度值是按每户来计算的。

    1　各类房间的照明功率密度及其所占比例见表6.1.1-1。

表6.1.1-1　各类房间的照明功率密度及其所占比例

照明功率密度 LPD（W/m²）	LPD＜5	5≤LPD ＜10	10≤LPD ＜15	15≤LPD ＜20	20≤LPD ＜25	LPD≥25
房间数量（34） 及其所占的百分比	7(20.6%)	15(44.1%)	8(23.5%)	3(8.8%)	1(3.0%)	—

    2　居住建筑国内外照明功率密度值对比见表6.1.1-2。

表6.1.1-2　居住建筑国内外
照明功率密度值对比　　　　单位：W/m²

房间或 场所	本调查		北京市绿照规程 DBJ 01-607-2001	俄罗斯 MTCH 2.01-98	本标准			
	重点	普查			照明功率 密度		对应照度 （lx）
					现行 值	目标 值	
起居室 卧　室 餐　厅 厨　房 卫生间	LPD＜5 (20.6%) 5～10 (44.1%) 10～15 (23.5%) 户平均8.93	—	7	20	7	6	100 75 150 100 100

3 结果分析和结论

根据调查结果，约半数住户 LPD 在 5~10W/m² 之间，户平均为 8.93W/m²，北京市《绿色照明工程技术规程》DBJ01-607-2001（以下简称北京市绿照规程）为 7W/m²，台湾的调查结果为 7W/m²，本标准现行值定为 7W/m²，目标值定为 6W/m²。

6.1.2 本条为强制性条文，规定了办公建筑照明的功率密度值。当符合本标准第 4.1.3 和第 4.1.4 条的规定，照度标准值进行提高或降低时，照明功率密度值应按比例提高或折减。

1 重点调查结果

各类房间的照明功率密度及其所占比例见表 6.1.2-1。

表 6.1.2-1 各类房间的照明功率密度及其所占比例

照明功率密度 LPD (W/m²)		LPD < 10	10≤LPD < 18	18≤LPD < 22	22≤LPD < 28	28≤LPD < 32	LPD≥32
各类房间数量及其所占的百分比	会议室	3(10.3%)	13(44.8%)	3(10.3%)	5(17.2%)	1(3.4%)	4(13.8%)
	办室室	4(9.5%)	20(47.6%)	5(11.9%)	4(9.5%)	3(7.1%)	6(14.3%)
	辅助用房	1(33.3%)	1(33.3%)	—	—	1(33.3%)	—

2 普查结果

各类房间的设计照明功率密度及其所占的百分比见表 6.1.2-2。

表 6.1.2-2 各类房间的设计照明功率密度及其所占的百分比

照明功率密度 LPD (W/m²)		LPD < 10	10≤LPD < 18	18≤LPD < 22	22≤LPD < 28	28≤LPD < 32	LPD≥32
各类房间数量及其所占的百分比	会议室	8(13.1%)	33(54.1%)	10(16.4%)	7(11.5%)	1(1.6%)	2(3.3%)
	办公室	16(11.3%)	87(61.7%)	14(9.9%)	14(9.9%)	7(5.0%)	3(2.1%)
	库房	3(60%)	2(40%)	—	—	—	—
	营业厅	5(38.5%)	4(30.8%)	2(15.4%)	—	1(7.7%)	1(7.7%)

续表 6.1.2-2

照明功率密度 LPD (W/m²)		LPD<10	10≤LPD<18	18≤LPD<22	22≤LPD<28	28≤LPD<32	LPD≥32
各类房间数量及其所占的百分比	复印、文整	1(9.1%)	5(45.5%)	5(45.5%)	—	—	—
	资料、档案		3(75%)	1(25%)	—	—	—
	消防、配电	6(46.2%)	6(46.2%)	1(7.7%)	—	—	—

3 办公建筑国内外照明功率密度值对比见表 6.1.2-3。

表 6.1.2-3 办公建筑国内外照明功率密度值对比 单位：W/m²

房间或场所	本调查		北京市绿照规程 DBJ 01-607-2001	美国 ASHRAE /IESNA -90.1 -1999	日本节能法 1999	俄罗斯 MTCH 2.01-98	本标准		
	重点	普查					照明功率密度		对应照度 (lx)
							现行值	目标值	
普通办公室	10~18 (47.6%) 18~22 (11.9%) 平均20	10~18 (61.7%)	13	11.84 (封闭)	20	25	11	9	300
高档办公室		18~22 (9.9%)	20	13.99 (开敞)			18	15	500
会议室	10~18 (44.8%) 18~22 (10.3%) 平均20.1	10~18 (54.1%) 18~22 (16.4%)	—	16.14	20		11	9	300
营业厅	—	10~18 (30.8%) <10 (58.5%)		15.07	30	35	13	11	300
文件整理、复印、发行室	平均17.9	10~18 (45.5%) 18~22 (45.5%)	—	—	—	25	11	9	300
档案室	—	10~18 (75%)	—	—	—	—	8	7	200

117

4 结果分析和结论

1) 将办公室分为普通办公室和高档办公室两种类型是符合我国国情的，而且更加有利于节能。重点调查对象多为高档办公室，其平均照明功率密度为 20W/m²。本标准为节能，将高档办公室定为 18W/m²，目标值定为 15W/m²。从调查结果看，半数被调查办公室在 10～18W/m² 之间，本标准将普通办公室定为 11W/m²，目标值定为 9 W/m²。

2) 从调查结果看，半数的会议室在 10～18W/m² 之间，而美国接近 17W/m²，日本为 20W/m²，根据我国的照度水平及调查结果，本标准定为 11W/m²，目标值定为 9 W/m²。

3) 国外营业厅的照明功率密度均较高，在 26～35W/m² 之间，而我国的调查结果多数小于 10 W/m²，考虑到我国的照度水平及调查结果，本标准定为 13W/m²，目标值定为 11W/m²。

4) 文件整理、复印和发行室，只有俄罗斯有相应标准，且其值较高为 25W/m²，本标准和我国的照度水平相对应，定为 11W/m²，目标值定为 9 W/m²。

5) 档案室多数在 10～18W/m² 之间，根据所规定照度，本标准定为 8W/m²，目标值定为 7 W/m²。

6.1.3 本条为强制性条文，规定了商业建筑的照明功率密度值。当符合本标准第 4.1.3 和第 4.1.4 条的规定，照度标准值进行提高或降低时，照明功率密度值应按比例提高或折减。

1 重点调查结果

各类商店的照明功率密度及其所占比例见表 6.1.3-1。

表 6.1.3-1 各类商店的照明功率密度及其所占比例

照明功率密度 LPD (W/m²)		LPD＜10	10≤LPD ＜18	18≤LPD ＜26	26≤LPD ＜34	34≤LPD ＜42	42≤LPD ＜50	LPD≥50
营业厅(商店)数量及其所占的百分比	商场营业厅	6(7.8%)	14 (18.2%)	14 (18.2%)	22 (28.6%)	9(11.7%)	7(9.1%)	5(6.5%)
	超市	1(25%)	—	—	1(25%)	1(25%)	—	1(25%)
	专卖店	1(14.3%)	—	3(42.9%)	2(28.6%)	1(14.3%)	—	—

2 普查结果

各类商店的设计照明功率密度及其所占的百分比见表6.1.3-2。

表6.1.3-2 各类商店的设计照明功率密度及其所占的百分比

照明功率密度 LPD (W/m²)		LPD<10	10≤LPD <18	18≤LPD <26	26≤LPD <34	34≤LPD <42	42≤LPD <50	LPD≥50
营业厅（商店）数量及其所占的百分比	商场营业厅	3 (8.3%)	17 (47.2%)	8 (22.2%)	4 (11.1%)	—	1 (2.8/%)	3 (8.3%)
	超市	2 (16.7%)	4 (33.3%)	4 (33.3%)	1 (8.3%)	1 (8.3%)	—	—
	专卖店	1 (12.5%)	2 (25%)	2 (25%)	1 (12.5%)	—	—	2 (25%)

3 商业建筑国内外照明功率密度值对比见表6.1.3-3。

表6.1.3-3 商业建筑国内外照明功率密度值对比 单位：W/m²

房间或场所	本调查		北京市绿照规程 DBJ 01-607-2001	美国 ASHRAE /IESNA -90.1 -1999	日本节能法 1999	俄罗斯 MГCH 2.01-98	本标准		
	重点	普查					照明功率密度		对应照度 (lx)
							现行值	目标值	
一般商店营业厅	18~26 (18.2%) 26~34 (28.6%) 平均30.7	10~18 (47.2%) 18~26 (22.2%) 平均26.7	30	22.6	20	25	12	10	300
高档商店营业厅							19	16	500
一般超市营业厅	26~42 (50%) 80~90 (25%) 平均39.0	10~26 (66.7%) 26~42 (16.6%) 平均19.0	—	19.4	—	35	13	11	300
高档超市营业厅							20	17	500

119

4 结果分析和结论

商业建筑照明重点调查的照明功率密度平均为 30.7W/m²，日本为 20W/m²，美国为 22.6 W/m²，俄罗斯为 25W/m²，北京市为 30W/m²。本标准结合我国情况，为节约能源，高档商店营业厅定为 19W/m²，目标值定为 16W/m²；一般商店营业厅定为 12W/m²，目标值定为 10 W/m²；因超市净高较高，一般超市营业厅定为 13W/m²，目标值为 11W/m²；高档超市营业厅定为 20W/m²，而目标值定为 17 W/m²。

6.1.4 本条为强制性条文，规定了旅馆建筑的照明功率密度值。当符合本标准第 4.1.3 和第 4.1.4 条的规定，照度标准值进行提高或降低时，照明功率密度值应按比例提高或折减。

1 重点调查结果

各类房间的照明功率密度及其所占比例见表 6.1.4-1。

表 6.1.4-1　各类房间的照明功率密度及其所占比例

照明功率密度 LPD（W/m²）		LPD < 5	5≤LPD < 10	10≤LPD < 15	15≤LPD < 20	20≤LPD < 25	LPD≥25
房间数量及其所占的百分比	客房（27）	1 (3.7%)	8 (29.6%)	12 (44.4%)	6 (22.3%)	—	—
	餐厅（8）	1 (12.5%)	1 (12.5%)	3 (37.5%)	1 (12.5%)	—	2 (25.0%)
	宴会厅（10）	—	—	—	2 (20.0%)	4 (40.0%)	4 (40.0%)
	门厅、休息厅（2）	—	1 (50.0%)	—	—	—	1 (50.0%)
	走廊（8）	3 (37.5%)	5 (62.5%)	—	—	—	—

2 普查结果

各类房间的设计照明功率密度及其所占的百分比见表 6.1.4-2。

表 6.1.4-2　各类房间的设计照明功率密度及其所占的百分比

照明功率密度 LPD（W/m²）		LPD < 5	5≤LPD < 10	10≤LPD < 15	15≤LPD < 20	20≤LPD < 25	LPD≥25
房间数量及其所占的百分比	客房（15）	—	8（53.3%）	3（20.0%）	2（13.3%）	1（6.7%）	1（6.7%）
	写字间（8）	—	—	5（62.5%）	1（12.5%）		2（25.0%）
	卫生间（5）		1（20.0%）	3（60.0%）	1（20.0%）		
	大堂（10）	1（10.0%）	3（30.0%）	1（10.0%）	1（10.0%）	1（10.0%）	3（30.0%）
	餐厅（21）	1（4.8%）	2（9.5%）	8（38.1%）	5（23.8%）	—	5（23.8%）
	多功能厅（3）			1（33.3%）	1（33.3%）		1（33.4%）
	美发（6）	—	2（33.3%）	1（16.7%）	1（16.7%）		2（33.3%）
	厨房（7）	—	3（42.9%）	3（42.9%）	1（14.2%）		
	洗衣房（3）	—	2（66.7%）	1（33.3%）			

3　旅馆建筑国内外照明功率密度值对比见表 6.1.4-3。

表 6.1.4-3　旅馆建筑国内外照明
功率密度值对比　　　　单位：W/m²

房间或场所	本调查		北京市绿照规程 DBJ 01-607-2001	美国 ASHRAE /IESNA-90.1 -1999	日本节能法 1999	本标准		对应照度（lx）
	重点	普查				照明功率密度		
						现行值	目标值	
客房	5～10（29.6%）10～15（44.4%）平均11.66	10～15（53.3%）10～15（20%）平均12.53	15	26.9	15	15	13	—

121

房间或场所	本调查		北京市绿照规程 DBJ 01-607-2001	美国 ASHRAE /IESNA-90.1 -1999	日本节能法1999	本标准		
	重点	普查				照明功率密度		对应照度 (lx)
						现行值	目标值	
中餐厅	10～15 (37.5%) 15～20 (12.5%) 平均 17.48	10～15 (38.1%) 15～20 (23.8%) 平均 20.46	13	—	30	13	11	200
多功能厅	20～25 (40%) ＞25 (40%) 平均 23.3	平均 22.4	25	—	30	18	15	300
客房层走廊	平均 5.8	—	6	—	10	5	4	50
门厅	—	—	—	18.3	20	15	13	300

4 结果分析和结论

1) 客房照明功率密度平均约为 $12W/m^2$，日本和北京标准均为 $15W/m^2$，只有美国很高，约为 $27W/m^2$，根据我国实际情况，本标准定为 15 W/m^2，而目标值定为 13 W/m^2。

2) 中餐厅调查结果平均为 17～20W/m^2 之间，而多数在 10～15W/m^2 之间，根据我国实际情况，本标准定为 13 W/m^2，而目标值定为 11 W/m^2。

3) 多功能厅调查结果平均为 23W/m^2，因只考虑一般照明，本标准定为 18W/m^2，而目标值定为 15 W/m^2。

4) 客房层走廊调查结果平均为 5.8W/m^2，日本为 10W/m^2，而北京为 6W/m^2，本标准定为 5W/m^2，而目标值定为 4W/m^2。

5) 门厅参考国外标准，本标准定为 15 W/m^2，而目标值定为 13 W/m^2。

6.1.5 本条为强制性条文，规定了医院建筑的照明功率密度值。当符合标准第4.1.3和第4.1.4条的规定，照度标准值进行提高或降低时，照明功率密度值应按比例提高或折减。

1 重点调查结果

各类房间的照明功率密度及其所占比例见表6.1.5-1。

表6.1.5-1 各类房间的照度功率密度及其所占比例

照明功率密度 LPD（W/m²）		LPD＜5	5≤LPD＜10	10≤LPD＜15	15≤LPD＜20	20≤LPD＜25	LPD≥25
房间数量及其所占的百分比	治疗室（9）	—	4 (44.5%)	2 (22.2%)	3 (33.3%)	—	—
	化验室（14）	—	7 (50.0%)	4 (28.5%)	2 (14.3%)	1 (7.1%)	—
	手术室（3）				2 (66.7%)	1 (33.3%)	
	诊室（17）	3 (17.6%)	7 (41.2%)	4 (23.5%)	1 (5.9%)	1 (5.9%)	1 (5.9%)
	候诊室（15）	2 (13.3%)	7 (46.7%)	1 (6.7%)	1 (6.7%)	2 (13.3%)	2 (13.3%)
	病房（23）	9 (39.1%)	10 (43.6%)	3 (13.0%)	—	—	1 (4.3%)
	护士站（15）	2 (13.3%)	7 (46.7%)	5 (33.3%)	1 (6.7%)	—	
	药房（6）	—	1 (16.7%)	2 (33.2%)	1 (16.7%)	1 (16.7%)	1 (16.7%)
	实验室（3）	—	2 (66.7%)	1 (33.3%)			
	其他（9）	—	5 (55.6%)		3 (33.3%)	1 (11.1%)	

2 普查结果

各类房间的设计照明功率密度及其所占的百分比见表6.1.5-2。

表 6.1.5-2 各类房间的设计照明功率密度及其所占的百分比

照明功率密度 LPD (W/m²)		LPD < 5	5≤ LPD < 10	10≤ LPD < 15	15≤ LPD < 20	20≤ LPD < 25	LPD≥25
房间数量及其所占的百分比	治疗室（18）	2 (11.1%)	3 (16.7%)	8 (44.4%)	2 (11.1%)	2 (11.1%)	1 (5.6%)
	化验室（17）	—	4 (23.5%)	5 (29.5%)	4 (23.5%)	3 (17.6%)	1 (5.9%)
	手术室（18）	1 (5.6%)	3 (16.7%)	2 (11.1%)	6 (33.3%)	1 (5.6%)	5 (27.7%)
	诊室（25）	1 (4.0%)	7 (28.0%)	9 (36.0%)	6 (24.0%)	—	2 (8.0%)
	候诊室（10）	1 (10.0%)	5 (50.0%)	4 (40.0%)	—	—	
	病房（28）	14 (50.0%)	12 (42.9%)	2 (7.1%)			
	护士站（17）	2 (11.8%)	5 (29.4%)	7 (41.2%)	3 (17.6%)	—	—
	药房（22）	1 (4.5%)	8 (36.4%)	8 (36.4%)	4 (18.2%)	1 (4.5%)	—
	实验室（3）	—	—	1 (33.3%)	—	2 (66.7%)	—
	其他（11）	1 (9.1%)	—	4 (36.3%)	3 (27.3%)	3 (27.3%)	

3 医院建筑国内外照明功率密度值对比见表6.1.5-3。

表 6.1.5-3　医院建筑国内外照明
功率密度值对比　　　单位：W/m²

房间或场所	本调查		北京市绿照规程 DBJ 01-607-2001	美国 ASHRAE/ IESNA-90.1-1999	日本节能法 1999	俄罗斯 MTCH 2.01-98	本标准		
	重点	普查					照明功率密度		对应照度（lx）
							现行值	目标值	
治疗室、诊室	5~10（44.5%）10~15（22.2%）平均11.18	5~10（16.7%）10~15（44.4%）平均12.45	15	17.22	30（诊室）20（治疗）	—	11	9	300
化验室	5~10（50%）10~15（28.5%）平均11	10~15（29.5%）15~20（23.5%）平均15		—	—	—	18	15	500
手术室	15~20（66.7%）平均19.58	10~25平均20.02	48	81.8	55	—	30	25	750
候诊室	5~10（46.7%）平均13.81	5~10（50%）10~15（40%）平均8.58	15	19.38	15	—	8	7	200
病房	<5（39.1%）5~10（43.6%）平均6.75	<5（50%）5~10（42.9%）平均5.75	10	12.9	10	—	6	5	100
护士站	5~10（46.7%）10~15（33.3%）平均9.02	5~10（29.4%）10~15（41.2%）平均10.6		—	20	—	11	9	300
药房	10~15（33.2%）15~20（16.7%）平均21.24	5~10（36.4%）10~15（36.4%）平均11.91	15	24.75	30	14	20	17	500
重症监护室	—	—		—	—	—	11	9	300

125

4 结果分析和结论

1) 治疗室和诊室的照明功率密度重点调查结果约半数在 5 ~ 10 W/m² 之间，而普查约半数在 10 ~ 15W/m² 之间，平均值约为 12W/m²。北京市定为 15W/m²，美国稍高些为 17W/m²；日本诊室最高为 30W/m²，治疗室为 20 W/m²，根据我国实际情况定为 11W/m² 是可行的。目前多数低于此水平，照度水平较低，而目标值定为 9W/m²。

2) 化验室重点调查结果平均为 11W/m²，而普查平均为 15W/m²，多数医疗人员反映较暗，应提高照度到 500lx，故相应的功率密度，定为 18W/m²，而目标值定为 15W/m²。

3) 手术室调查结果平均为 20W/m²，日本、美国及北京市的标准均很高，考虑到本标准所对应的照度及所规定的功率密度均为一般照明，故定为 30W/m²，而目标值定为 25 W/m²。

4) 候诊室调查结果多数在 10W/m² 以下，平均值约 9 ~ 14W/m² 之间，考虑其照度应低于诊室照度，本标准定为 8W/m²，而目标值定为 7 W/m²。

5) 病房的照明功率密度多数在 10W/m² 以下，平均值为 6 ~ 7W/m²，美国、日本和北京市的标准稍高些，本标准定为 6W/ m²，而目标值定为 5W/m²。

6) 护士站大多数的照明功率密度在 15W/m² 以下，平均值为 9 ~ 11W/m²，本标准定为 11W/m²，而目标值定为 9W/m²。

7) 药房多数的照明功率密度在 20 W/m² 以下，而美国和日本分别为 25W/m² 和 30W/m²，考虑到药房需有 500lx 的水平照度，从而提供较高的垂直照度，故本标准将功率密度值定为 20W/m²，而目标值定为 17 W/m²。

8) 重症监护室的照度为 300lx，本标准将功率密度值定为 11W/m²，而目标值定为 9W/m²。

6.1.6 本条为强制性条文，规定了学校建筑的照明功率密度值。当符合标准第 4.1.3 和第 4.1.4 条的规定，照度标准值进行提高或降低时，照明功率密度值应按比例提高或折减。

1 重点调查

各类教室的照明功率密度及其所占比例见表6.1.6-1。

表6.1.6-1 各类教室的照度功率
密度及其所占比例

照明功率密度 LPD(W/m²)		LPD<5	5≤LPD<10	10≤LPD<15	15≤LPD<20	LPD≥20
教室数量及其所占的百分比	阶梯教室	1(607%)	3(20%)	6(40%)	3(20%)	2(13.3%)
	普通教室	1(2.2%)	23(51.1%)	15(33.3%)	5(11.1%)	1(2.2%)
	实验室	—	5(50%)	3(30%)	2(20%)	—
	美术教室	—	1	—	—	—
	多媒体教室	—	—	—	1	—

2 普查

各类教室的设计照明功率密度及其所占的百分比见6.1.6-2。

表6.1.6-2 各类教室的设计照明功率
密度及其所占的百分比

照明功率密度 LPD (W/m²)		LPD<5	5≤LPD<10	10≤LPD<15	15≤LPD<20	LPD≥20
教室数量及其所占的百分比	阶梯教室	—	—	5(45.5%)	6(54.5%)	—
	普通教室	1(1.5%)	9(13%)	33(47.8%)	20(29%)	6(8.7%)
	实验室		9(22%)	24(58.5%)	7(17.1%)	1(2.4%)
	美术教室		1(5.6%)	8(44.4%)	3(16.7%)	6(33.3%)
	多媒体教室	2(4.5%)	4(9.1%)	23(52.3%)	12(27.3%)	3(6.8%)

3 学校建筑国内外照明功率密度值对比见表6.1.6-3。

表 6.1.6-3　学校建筑国内外照明

功率密度值对比　　　　　　　　　　单位：W/m²

房间或场所	本调查		北京市绿照规程 DBJ 01-607-2001	美国 ASHRAE/IESNA-90.1-1999	日本节能法1999	俄罗斯 MГСН 2.01-98	本标准		
	重点	普查					照明功率密度		对应照度 (lx)
							现行值	目标值	
教室、阅览室	5~10 (25.1%) 10~15 (33.3%) 平均10.5	10~15 (47.8%) 15~20 (29%) 平均14.1	13	17.22	20	20	11	9	300
实验室	5~10 (50%) 10~15 (30%) 平均10.7	10~15 (58.5%) 平均13.0		19.38	20	25	11	9	300
美术教室	—	10~15 (44.4%) 15~20 (16.7%) 平均15.1	—	—	—	—	18	15	500
多媒体教室	—	10~15 (52.3%) 平均15.1			30	25	11	9	300

4　结果分析和结论

1）根据调查，我国大多数教室照明功率密度均在 15W/m² 以下。多数教室照度较低，达到 300lx 教室很少。美国为 17 W/m²、日本为 20 W/m²、俄罗斯为 20W/m²，这些国家教室的照度约为 500lx，考虑到我国照度为 300lx，将教室定为 11W/m²，目标值定为 9 W/m²。阅览室照明功率密度与教室相同。

2）试验室的照明功率密度调查结果，多数在 15W/m² 以下，平均为 10.7~13 W/m²，而美国、日本及俄罗斯在 20~30 W/m² 之间，本标准考虑到实验室与普通教室照度标准相同，故定为 11W/m²，目标值定为 9 W/m²。

3）美术教室的照明功率密度调查结果多数在 20W/m² 以下，实际照度应为500lx，故本标准定为18W/m²，目标值定为15 W/m²。

4）多媒体教室的照度要求较低，功率密度多数在15W/m²以下，故功率密度定为11W/m²，目标值定为9 W/m²。

6.1.7 本条为强制性条文，规定了工业建筑的照明功率密度值。当符合本标准第4.1.3和第4.1.4条的规定，照度标准值进行提高或降低时，照明功率密度值应按比例提高或折减。

1 关于工业场所制定照明功率密度（LPD）限值的概况

新标准对使用面广、量大的通用工业场所、机电工业、电子工业的六十多个房间或场所规定了LPD最高限值，并作为强制性条文执行，对于控制照明设计安装功率、提高照明能效，有重要的实际意义。

原工业标准GB S0034—92规定了"室内照明目标效能值"，也是规定了工作场所的照明功率密度限值，只不过它是按照度（每100lx），按不同光源来规定限值，因此它不能限制选用光源效率低和选用照明高而导致的照明功率加大，而且它是作为"建议性"文件列入GB S0034—92之附录，发布12年来未能有效执行。

2 调查结果

对417个房间所做的普查，和对45个房间进行的重点调查和实测，所获得的数据是制订新标准的依据之一。

1）重点调查结果

各类场所的LPD值分布状况见表6.1.7-1。

表6.1.7-1　各类场所的照明功率密度值分布状况

照明功率密度 LPD（W/m²）	LPD < 5		5 ≤ LPD < 10		10 ≤ LPD < 15		15 ≤ LPD < 20		LPD ≥ 20	
房间数和所占百分比	房间数	所占百分比(%)	房间数	所占百分比(%)	房间数	所占百分比(%)	房间数	所占百分比(%)	房间数	所占百分比(%)
机械加工、机修、冲压	—	—	—	—	2	28.6	3	42.8	2	28.6

照明功率密度 LPD(W/m²) 房间数和所占百分比	LPD < 5		5≤LPD < 10		10≤LPD < 15		15≤LPD < 20		LPD≥20	
	房间数	所占百分比(%)	房间数	所占百分比(%)	房间数	所占百分比(%)	房间数	所占百分比(%)	房间数	所占百分比(%)
装配	—	—	1	20	2	40	2	40	—	—
电子生产、制灯、包装、老化、电缆生产	—	—	1	7.2	3	21.4	7	50	3	21.4
电镀	—	—	—	—	—	—	—	—	1	100
喷漆、腐蚀	—	—	1	33.3	1	33.3	1	33.3	—	—
实验室	—	—	—	—	—	—	—	—	2	100
主控制室	—	—	1	20	1	20	—	—	3	60
配电装置间、冷冻站、泵房	1	20	2	40	2	40	—	—	—	—
库房	—	—	2	66.7	1	33.3	—	—	—	—
合　计	1	2.2	8	17.8	12	26.7	13	28.9	11	24.4

2) 普查结果

各类场所的 LPD 值分布状况见表 6.1.7-2。

表 6.1.7-2　各类场所的照明功率密度值分布状况

照明功率密度 LPD (W/m²) 房间数和所占百分比	LPD < 5		5≤LPD < 10		10≤LPD < 15		15≤LPD < 20		LPD≥20	
	房间数	所占百分比(%)	房间数	所占百分比(%)	房间数	所占百分比(%)	房间数	所占百分比(%)	房间数	所占百分比(%)
机械加工	—	—	10	37.0	8	29.6	5	18.6	4	14.8
装配	—	—	3	12.5	4	16.7	8	33.3	9	37.5

照明功率密度 LPD(W/m²)	LPD < 5		5≤LPD < 10		10≤LPD < 15		15≤LPD < 20		LPD≥20	
房间数和所占百分比	房间数	所占百分比(%)	房间数	所占百分比(%)	房间数	所占百分比(%)	房间数	所占百分比(%)	房间数	所占百分比(%)
电子元器件、零部件、材料、制药	—	—	7	13.0	19	35.1	15	27.8	13	24.1
焊接、钣金、冲压、热处理	—	—	6	33.3	5	27.8	4	22.2	3	16.7
铸造、锻工	—	—	6	37.5	7	43.7	2	12.5	1	6.3
电镀	—	—	1	10.0	5	50.0	4	40.0		
喷漆、酸洗、清洗、抛光	2	6.9	6	20.7	6	20.7	6	20.7	9	31.0
机修、木工	—	—	2	9.5	8	38.1	10	47.6	1	4.8
实验室、检验室、计量室	2	3.7	4	7.4	19	35.2	19	35.2	10	18.5
控制室、电话站、计算机站	—		1		18		10		15	
变电站、电源室	2	6.5	13	41.9	15	48.4	1	3.2	—	—
动力站:风机、空调机、冷冻、泵、锅炉房等	9	17.0	24	45.2	15	28.3	3	5.7	2	3.8
库房	6	16.7	15	41.6	12	33.3	2	5.6	1	2.8
合计	21	5.0	98	23.3	141	33.8	89	21.4	68	16.3

3 工业建筑国内外照明功率密度值对比见表 6.1.7-3。

表 6.1.7-3 工业建筑国内外照明功率密度值对比

单位：W/m²

房间或场所		本调查		原标准 GB 50034 —92	美国 ASHRAE /IESNA —90.1 —1999	俄罗斯 СНиП 23-05-95	本标准		对应照度 (lx)
		重点	普查				照明功率密度		
							现行值	目标值	
1 通用房间或场所									
试验室	一般	25.1	15	16	—	16	11	9	300
	精细			26		27	18	15	500
检验	一般	—	19.1	16		16	11	9	300
	精细	—		40		41	27	23	750
计量室、测量室		—	15.7	26		27	18	15	500
变、配电站	配电装置室	11.2	10.7	10	14	11	8	7	200
	变压器室	—	8	8	14	7.0	5	4	100
电源设备室、发电机室		—	10.9	10	14	11	8	7	200
控制室	一般控制室	18.2	13.3	10	5.4	11	11	9	200
	主控制室		18.2	15		16	18	15	300
电话站、网络中心、计算机站		—	19.3	25	—	27	18	15	500
动力站	泵房、风机房、空调机房	7.4	10.3	7		6.7	5	4	100
	冷冻站、压缩空气站		8.9	10	8.6	9.8	8	7	150
	锅炉房、煤气站的操作层		6.6	8		7.8	6	5	100
仓库	大件库	8.2	6.1	3.3	3.2	2.6	3	3	50
	一般件库		9.1	6.6	—	5.2	5	4	100
	精细件库		11.4	13	11.8	10.4	8	7	200
车辆加油站		—	—	8	—	8	6	5	100
2 机、电工业									

续表 6.1.7-3

房间或场所		本调查		原标准 GB 50034—92	美国 ASHRAE /IESNA —90.1 —1999	俄罗斯 CHиⅡ 23-05-95	本标准		
		重点	普查				照明功率密度		对应照度(lx)
							现行值	目标值	
机械加工	粗加工	17.6	10	9	—	9	8	7	200
	一般加工公差≥0.1mm		11.2	13		14	12	11	300
	精密加工公差<0.1mm		18	21	66.7	23	19	17	500
机电、仪表装配	大件	18.2	12.8	9		10	8	7	200
	一般件		15.7	13	22.6	14	12	11	300
	精细		24.7	22		23	19	17	500
	特精密装配		—	33		34	27	24	750
电线、电缆制造		—	—	14	—	14	12	11	300
绕线	大线圈	—	—	14		14	12	11	300
	中等线圈	—	—	22		23	19	17	500
	精细线圈	—	—	32		34	27	24	750
绕圈浇制		—	—	14		14	12	11	300
焊接	一般	—	12.8	9		11	8	7	200
	精密	—		13	32.3	17	12	11	300
钣金、冲压、剪切		—	13.1	13		17	12	11	300
热处理		—	14.5	10		11	8	7	200
铸造	熔化、浇铸	—	10.6	10		11	9	8	200
	造型	—		16		17	13	12	300
精密铸造的制模、脱壳		—	15.4	25		27	19	17	500
锻工		—	8.6	11		11	9	8	200
电镀		21.6	13.9	17		—	13	12	300
喷漆	一般	5.1	12.8	18			15	14	300
	精细			43			25	23	500

133

房间或场所		本调查		原标准 GB 50034 —92	美国 ASHRAE /IESNA —90.1 —1999	俄罗斯 СНиП 23-05-95	本标准		对应照度 (lx)
		重点	普查				照明功率密度		
							现行值	目标值	
酸洗、腐蚀、清洗		13.9	18	18	—	—	15	14	300
抛光	一般装饰性	—	13.9	16		17	13	12	300
	精细	—		26		27	20	18	500
复合材料加工、铺叠、装饰		—	16.8	26	—	26	19	17	500
机电修理	一般	14.5	11.7	8	15.1	9	8	7	200
	精密		15.3	12		14	12	11	300
3 电子工业									
电子元器件		13.3	16.4	26.7	22.6	26	20	18	500
电子零部件			16.4	26.7		26	20	18	500
电子材料			10.8	16	—	15.6	12	10	300
酸、碱、药液及粉配制			15.9	16	—	15.6	14	12	300

注：1 原标准 GB 50034—92 的 LPD 值是按该标准附录六"室内照明目标效能值（建议性）"的数据，在设定了相应的条件（如 RI 值、K_1、K_2 等的平均值）后经计算获得的结果，仅供参考。

2 美国标准的 LPD 值是类比相同条件获得的数值，由于其照度不同，仅供参考。

3 俄罗斯标准的 LPD 值是按设计的房间条件的平均值经计算获得的结果，仅供参考。

4 分析结果和结论

1）光源选用

工业厂房普遍使用了高效的直管荧光灯和金属卤化物灯，是很合理的。在重点调查项目中,几乎全部使用了这两种光源;在普查项目中,433 例光源中有 406 例设计了这两种光源,占93.8%。

在直管荧光灯中,使用 T12 灯管已经很少,绝大数为 T8 管;但是使用先进的 T5 型灯还很少。

使用的 T8 灯管很少使用更先进、优质、高光效的三基色灯管,绝大多数还是用卤粉管;对显色指数、色温等重要参数,多数设计中没有规定。

2)各类工业场所使用的灯具,绝大多数使用了直接配光的控照灯;少数使用格栅灯,都是在较低高度的装配、电子生产、实验室、检验室、控制室等场所;由于环境条件要求,使用了一部分防水防尘、防腐蚀和防爆灯,总数不太多,所占比例不大。

3)镇流器仍以传统的电感镇流器为主,以普查项目分析,约占总数的 80%;对直管荧光灯使用电感镇流器的 70% 多一点,用电子镇流器已达 28.2%;使用节能电感镇流器很少,主要是产品推出仅是近几年的事,宣传推广工作也较少。

4)关于照度水平,从重点调查和普查工业场所看,绝大多数都超过至大大超过我国 1992 年颁布的《工业企业照明设计标准》GB 50034—92 规定的数值。由于调查项目大多数是最近五年设计和建设的工程,多数是现代化水平较高的生产厂房,都使用了高效光源,一般照明的平均照度多数超过 GB 50034—92 标准值的 50% ~ 200%,多数场所达到或靠近 CIE 2001 年最新标准的数值。从调查中,使用人员反映比较满意。从而说明现行照明标准明显偏低,急需修订。

5)重点调查测试的项目分析,各类场所照度均匀度很好,能达到或超过 GB 50034—92 规定的不小于 0.7 的场所占 77.8%,对主要生产场所还要高一些。

6)关于照明功率密度(即单位面积安装功率)LPD 值,和GB 50034—92 标准附录中建议的"室内照明目标效能值"相比,使用金属卤化物灯的场所,其指标比较接近(达到或略高、略低）；使用直管荧光灯的场所，其 LPD 值多数比该标准的"目标能效值"更低，说明节能效果比较好。

6.1.8 有些场所为了加强装饰效果，安装了枝形花灯、壁灯、艺术吊灯等装饰性灯具，这种场所可以增加照明安装功率。增加的数值按实际采用的装饰性灯具总功率的 50% 计算 LPD 值，这是考虑到装饰性灯具的利用系数较低，所以假定它有一半左右的光通量起到提高作业面照度的效果。设计应用举例如下：

设某场所的面积为 100m², 照明灯具总安装功率为 2000W（含镇流器功耗），其中装饰性灯具的安装功率为 800W，其他灯具安装功率为 1200W。按本条规定，装饰性灯具的安装功率按 50% 计入 LPD 值的计算则该场所的实际 LPD 值应为：

$$LPD = \frac{1200 + 800 \times 50\%}{100} = 16W/m^2$$

6.1.9 商店营业厅设有重点照明的，应增加其 LPD 允许值，可按该层营业厅全面积增加 5W/m²，以便于实施。

6.2 设 计 论 证

6.2.1 办公室

1 条件

取常用大小的办公室，相同高度，相同照度标准，使用同样的灯具（格栅双管荧光管），用不同类型的直管荧光灯及不同镇流器，设计了多种典型照明方案，计算照度和照明功率密度（LPD），进行分析、比较。并对《建筑照明设计标准》制定的 LPD 标准作论证。

2 计算数据

几种方案的 LPD 值比较列于表 6.2.1-1（表中的 LPD 值是折算到规定照度标准时）。

表 6.2.1-1　办公室几种设计方案的 LPD 值

方案号	选用光源	选用镇流器	选用灯具	平均照度 500lx 时的 LPD (W/m²)	平均照度为 300lx 办公室 的 LPD (W/m²)
1	T8 三基色荧光灯，Ra＞80，色温约 4000K，光通 3250lm	电子式（L级）	格栅宽配光	11.74	7.04
2	同上	节能电感式	格栅宽配光	13.54	8.11
3	同上	电感式	格栅宽配光	14.68	8.80
4	T8 荧光灯、Ra＞60，色温约 4000K，光通 2850lm	电子式（L级）	格栅宽配光	13.36	8.03
5	同上	节能电感式	格栅宽配光	15.40	9.25
6	同上	电感式	格栅宽配光	16.70	10.03
7	T8 荧光灯，Ra＞60，色温约 6200K，光通 2500lm	节能电感式	格栅宽配光	17.58	10.56
8	同上	电感式	格栅宽配光	19.08	11.45
9	T5 荧光灯，Ra＞80，色温约 4000K，光通 2660lm	电子式（L级）	格栅宽配光	12.74	7.65

3　比较

以照度标准为 500lx 的高档办公室进行分析结果如下：

1）三基色 T8 管配电子镇流器，LPD 最小，为 11.74 W/m²，设定为 100%；

2）其次是 T5 管配电子镇流器，LPD 为 12.74 W/m²，为前者的 108%；

3）第三是 T8 三基色管配节能电感镇流器，LPD 为 13.54 W/m²，为 1）的 115.3%；

4）最差的是 T8 管高色温（～6200K），配电感镇流器，LPD 为 19.08 W/m²，为 1）的 162.5%。

4 结果分析和结论

1）采用前三种方案：即 T8 三基色灯管配电子镇流器，T5 配电子镇流器，T8 三基色灯管配节能电感镇流器，其 LPD 值低，符合本标准规定的 18 W/m² 和 11W/m²，并分别为本标准规定值的 65.2%、75.2%、81.6% 和 64%、73.7%、80%，即留有相当多的裕量，一般设计可以达到。

2）采用 T8 三基色管和 T5 管，其 Ra > 80，符合本标准规定的显色指数的要求。不宜采用普通 T8 管（Ra > 60），更不要用高色温 T8 普通管。

3）镇流器用电子式和节能电感式，符合节能要求及当前产品现状，不应使用传统的电感式。

5 具体方案及计算

高档办公室方案及计算列于表 6.2.1-2，普通办公室方案及计算列于表 6.2.2-3。

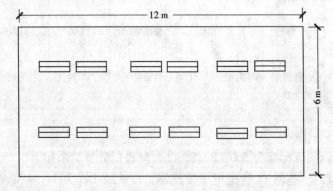

图 6.2.1-1　房间灯具示意图

表 6.2.1-2　房间或场所名称：高档办公室（按图 6.2.1-1）

设计平均照度（lx）	500				
房间状况	长　12m 宽　6m 面积　72m²	灯具离地高度　2.80m 离作业面高度　2.05m		反射比	顶棚　70% 墙面　50% 地面　20%
室形指数 RI	RI =（12×6）/［2.05×（12+6）］= 1.95				
设计方案号	1		2		3
选用光源	T8 三基色荧光灯 36W，Ra > 80，色温 4000K，光通 3250lm		同左		同左
选用镇流器	电子式，L 级，损耗≤4W		节能电感式，损耗≤5.5W		电感式，损耗≤9W
选用灯具	格栅，双管 12 套		同左		同左
维护系数	0.8		0.8		0.8
利用系数	0.59		0.59		0.59
计算平均照度（lx）	$E = \dfrac{24 \times 3250 \times 0.8 \times 0.59}{72} = 511$		511		511
含镇流器的总安装功率（W）	（32+4）×24 = 864		（36+5.5）×24 = 996		（36+9）×24 = 1080
照明功率密度 LPD（W/m²）	12		13.83		15
折算到 500lx 的 LPD	11.74		13.54		14.68
设计平均照度（lx）	500				
房间状况	长　12m 宽　6m 面积　72m²	灯具离地高度　2.80m 离作业面高度　2.05m		反射比	顶棚　70% 墙面　50% 地面　20%
室形指数 RI	RI =（12×6）/［2.05×（12+6）］= 1.95				
设计方案号	4		5		6
选用光源	T8 直管荧光灯 36W，Ra > 60，色温 4000K，光通 2850lm		同左		同左

续表 6.2.1-2（按图 6.2.1-1）

设计平均照度（lx）	500						
房间状况	长 12m 宽 6m 面积 72m²	灯具离地高度 2.80m 离作业面高度 2.05m		反射比		顶棚 70% 墙面 50% 地面 20%	
室形指数 RI	RI =（12×6）/［2.05×（12+6）］= 1.95						
设计方案号	4		5			6	
选用镇流器	电子式，L级， 损耗≤4W		节能电感式， 损耗≤5.5W			电感式， 损耗≤9W	
选用灯具	格栅， 双管 12 套		同左			同左	
维护系数	0.8		0.8			0.8	
利用系数	0.59		0.59			0.59	
计算平均照度（lx）	$E = \dfrac{24 \times 2850 \times 0.8 \times 0.59}{72} = 448$		$E = \dfrac{24 \times 2850 \times 0.8 \times 0.59}{72} = 448$			448	
含镇流器的总 安装功率（W）	（32 + 4） × 24 = 864		（36 + 5.5） × 24 = 996			（36 + 9） × 24 = 1080	
照明功率密度 LPD（W/m²）	12		13.83			15	
折算到 500lx 的 LPD	13.36		15.40			16.70	

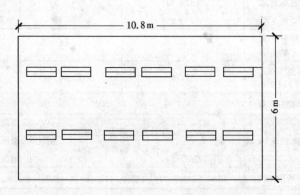

图 6.2.1-2 房间灯具示意图

设计平均照度（lx）			500			
房间状况	长 10.8m 宽 6m 面积 64.8m²		灯具离地高度 2.80m 离作业面高度 2.05m		反射比	顶棚 70% 墙面 50% 地面 20%
室形指数 RI	RI = 1.76					
设计方案号	7		8	9		
选用光源	T8 直管荧光灯 36W Ra >60，色温 ~6200K，光通 2500lm		同左	T5 荧光灯 28W Ra >80，色温 4000K，光通 2660lm		
选用镇流器	电感式，损耗≤9W		节能电感式，损耗≤5.5W	电子式，L级，损耗≤4W		
选用灯具	格栅，双管 12 套		同左	格栅，双管 12 套		
维护系数	0.8		0.8	0.8		
利用系数	0.59		0.59	0.59		
计算平均照度（lx）	$E = \dfrac{24 \times 2500 \times 0.8 \times 0.59}{64.8} = 437$		437	$E = \dfrac{24 \times 2660 \times 0.8 \times 0.59}{64.8} = 465$		
含镇流器的总安装功率（W）	$(36 + 9) \times 24 = 1080$		$(36 + 5.5) \times 24 = 996$	$(28 + 4) \times 24 = 768$		
照明功率密度 LPD（W/m²）	17.86		16.45	12.7		
折算到 500lx 的 LPD	19.08		17.58	12.74		

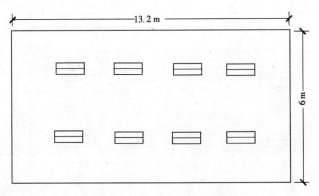

图 6.2.1-3 房间灯具示意图

表6.2.1-3　房间或场所名称：普通办公室

（按图6.2.1-3）

设计平均照度（lx）	300				
房间状况	长　13.2m 宽　6m 面积　79.2m²	灯具离地高度　2.80m 离作业面高度　2.05m	反射比	顶棚　70% 墙面　50% 地面　20%	
室形指数 RI	RI =（13.2×6）/［2.05×（13.2+6）］= 2.02				
设计方案号	1		2	3	
选用光源	T8 三基色荧光灯 36W Ra>80，色温 ~ 4000K，光通 3250lm		同左	同左	
选用镇流器	电子式，L级，损耗≤4W		节能电感式，损耗≤5.5W	电感式，损耗≤9W	
选用灯具	格栅，双管 8 套		同左	同左	
维护系数	0.8		0.8	0.8	
利用系数	0.59		0.59	0.59	
计算平均照度（lx）	$E = \dfrac{8×2×3250×0.8×0.59}{79.2} = 310$		310	310	
含镇流器的总安装功率（W）	（32+4）×8×2 = 576		（36+5.5）×8×2 = 664	（36+9）×16 = 720	
照明功率密度 LPD（W/m²）	7.27		8.38	9.09	
折算到 300lx 的 LPD	7.04		8.11	8.80	

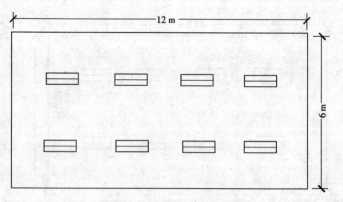

图 6.2.1-4　房间灯具示意图

设计平均照度（lx）	300		
房间状况	长 12m 宽 6m 面积 72m²	灯具离地高度 2.80m 离作业面高度 2.05m　　反射比	顶棚 70% 墙面 50% 地面 20%
室形指数 RI	RI =（12×6）/［2.05×（12+6）］= 1.95		
设计方案号	4	5	6
选用光源	T8 三基色荧光灯 36W Ra>60，色温~4000K，光通 2850lm	同左	同左
选用镇流器	电子式， L级，损耗≤4W	节能电感式， 损耗≤5.5W	电感式， 损耗≤9W
选用灯具	格栅， 双管 8 套	同左	同左
维护系数	0.8	0.8	0.8
利用系数	0.59	0.59	0.59
计算平均照度（lx）	$E = \dfrac{8 \times 2 \times 2850 \times 0.8 \times 0.59}{72} = 299$	299	299
含镇流器的总安装功率（W）	（32+4） ×8×2=576	（36+5.5） ×8×2=664	（36+9） ×8×2=720
照明功率密度 LPD（W/m²）	8	9.22	10
折算到 300lx 的 LPD	8.03	9.25	10.03

设计平均照度（lx）	300		
房间状况	长 12m 宽 6m 面积 72m²	灯具离地高度 2.80m 离作业面高度 2.05m　　反射比	顶棚 70% 墙面 50% 地面 20%
室形指数 RI	RI = 1.95		
设计方案号	7	8	9
选用光源	T5 荧光灯 36W Ra>60，色温~6200K，光通 2500lm	同左	T5 三基色荧光灯 28W Ra>80，色温~4000K，光通 2660lm
选用镇流器	节能电感式， 损耗≤5.5W	电感式， 损耗≤9W	电子式， L级，损耗≤4W
选用灯具	同右	同右	格栅， 双管 8 套
维护系数	0.8	0.8	0.8
利用系数	0.59	0.59	0.59
计算平均照度（lx）	262	262	$E = \dfrac{8 \times 2 \times 2660 \times 0.8 \times 0.59}{72} = 279$

设计平均照度（lx）	300				
房间状况	长　12m 宽　6m 面积　72m²	灯具离地高度　2.80m 离作业面高度　2.05m		反射比	顶棚　70% 墙面　50% 地面　20%
室形指数 RI	RI＝1.95				
设计方案号	7	8	9		
含镇流器的总 安装功率（W）	(36＋5.5) ×8×2＝664	(36＋9) ×8×2＝720	(28＋4) ×8×2＝512		
照明功率密度 LPD（W/m²）	9.22	10	7.11		
折算到 300lx 的 LPD	10.56	11.45	7.65		

6.2.2　商业建筑

1　目的

选代表性场所编制几种设计方案，论证本标准制定的照明功率密度（LPD）值的可行性和合理性。

2　场所和照明方案的选取

选取了两类房间尺寸的营业厅，分别为 300lx 的一般营业厅和 500lx 的高档营业厅，并选用了不同类型的直管荧光灯、镇流器和不同的灯具。

3　计算结果

各种方案的计算结果列于表 6.2.2-1。

表 6.2.2-1　商业建筑营业厅几种设计方案的 LPD 值

场所	平均照度 (lx)	方案号	选用光源	选用镇流器	选用灯具及 安装方式	折算到标 准照度的 LPD (W/m²)
一般营业厅	300	A1－1	T8 荧光灯，36W Ra＞60，～4000K，2850lm	节能电感式	双管，格栅，宽配光， 嵌入式	7.91
		A1－2	T5 荧光灯，28 W Ra＞80，～4000K，2660lm	电子式	双管，格栅，宽配光， 嵌入式	5.85

场所	平均照度 (lx)	方案号	选用光源	选用镇流器	选用灯具及安装方式	折算到标准照度的 LPD (W/m²)
一般营业厅	300	B1-1	T8荧光灯, 36 W Ra>60, ~4000K, 2850lm	节能电感式	双管, 格栅, 宽配光, 悬挂支架	9.10
		B1-2	T5荧光灯, 28 W Ra>80, ~4000K, 2660lm	电子式	双管, 格栅, 宽配光, 悬挂支架	7.52
高档营业厅	500	A2-1	T8三基色荧光灯, 36 W Ra>80, ~4000K, 3250lm	电子式	三管, 格栅, 宽配光, 嵌入式	9.62
		A2-2	T5荧光灯, 14 W Ra>80, ~4000K, 1220lm	电子式	四管, 格栅, 宽配光, 嵌入式	11.74
		B2-1	T8三基色荧光灯, 36 W Ra>80, ~4000K, 3250lm	电子式	双管, 格栅, 宽配光, 上部半透光, 吊挂	15.38
		B2-2	T5荧光灯, 28 W Ra>80, ~4000K, 2660lm	电子式	双管, 格栅, 宽配光, 上部半透光, 吊挂	16.70

4 结果分析和结论

1) 一般营业厅, 300lx, 四种方案之 LPD 值为标准规定的 49%~76%, 有足够余地, 均能达到或大大低于 LPD 规定值。

2) 高档营业厅, 500lx, 四种方案之 LPD 值为标准规定值的 50.6%~88%, 差距甚大, 有的方案有足够余地, 容易实现; 而有的方案则没有余地。究其原因, 主要是选用灯具效率低, 如方案 B2-2 和 B2-1, 灯的利用系数仅 0.45。另外选用光源功率小, 如方案 A2-2 使用 14WT5 管, 光效较低。这些和高档商场装饰效果有关。

3) 用 T5 或 T8 三基色荧光灯, 均用三基色粉, 光效高, LPD 值低, 能效高, 而且显色性好, Ra>80, 满足营业厅要求。而 T8 普通粉灯管, 光效较低些, Ra 也不够 80, 不应采用。

4) 八个方案中, 利用系数最高的达 0.77, 最低的仅 0.45。原因之一是灯具效率低, 二是房间较高也有一些影响, 在考虑到美观和装饰效果同时, 应顾及灯具效率, 提高能效。

5 具体方案及计算

一般营业厅方案及计算列于表 6.2.2-2 ~ 表 6.2.2-5；高档营业厅方案及计算列于表 6.2.2-6 ~ 表 6.2.2-9。

表 6.2.2-2　一般商店营业厅

商业 A1-1	简图：
2×36W×6 商店 一般营业厅	

房间长度	40m	灯具距地面高度	3.4 m	顶棚反射比	70%
房间宽度	24m	灯具距工作面高度	2.65m	墙壁反射比	30%
房间高度	3.4m			地面反射比	20%

室形指数	$RI = \dfrac{40 \times 24}{2.65 \times (40 + 24)} = 5.66$（按全房间）
设计平均照度（lx）	300
光　源	T8 直管荧光灯，功率 36W，Ra≥60，色温 4000K，光通量 2850lm
镇流器	节能电感型
灯　具	双管、格栅，宽配光 6 套（8×8m 内）
安装方式	嵌入式
维护系数	0.8
利用系数	0.69
计算平均照度（lx）	$E = \dfrac{2850 \times 12 \times 0.69 \times 0.8}{64} = 295$（按建筑开间计算）
安装功率（W）	$(36 + 5.5) \times 2 \times 6 = 498$
安装功率密度（W/m²）	LPD = 7.78
折算到 300lx 时的 LPD（W/m²）	7.91

表 6.2.2-3　一般商店营业厅

商业 A1-2	简图：					
商店 一般营业厅	$2 \times 28W \times 6$ 8 m × 8 m（见简图）					
房间长度	40m	灯具距地面高度	3.4m	顶棚反射比	70%	
房间宽度	24m			墙壁反射比	30%	
房间高度	3.4m	灯具距工作面高度	2.65m	地面反射比	20%	
室形指数	$RI = \dfrac{40 \times 24}{2.65 \times (40 + 24)} = 5.66$（室形指数按整个房间取值）					
设计平均照度（lx）	300					
光　源	T5 直管荧光灯，功率 28W，Ra≥80，色温 4000K，光通量 2660lm					
镇流器	电子式					
灯　具	双管、格栅，宽配光 6 套（8m×8m 内）					
安装方式	嵌入式					
维护系数	0.8					
利用系数	0.77					
计算平均照度（lx）	$E = \dfrac{2660 \times 12 \times 0.77 \times 0.8}{64} = 307$（按开间计算）					
安装功率（W）	$(28 + 4) \times 2 \times 6 = 384$					
安装功率密度（W/m²）	LPD = 6					
折算到 300lx 时的 LPD（W/m²）	5.85					

表 6.2.2-4　一般超市营业厅

商业 B1-1	简图： $2 \times 36W \times 8$ 超市 一般营业厅				

房间长度	64m	灯具距地面高度	3.8m	顶棚反射比	50%
房间宽度	24m			墙壁反射比	30%
房间高度	4.3m	灯具距工作面高度	3.05m	地面反射比	20%

室形指数	$RI = \dfrac{64 \times 24}{3.05 \times (64 + 24)} = 5.72$（按全房间）
设计平均照度（lx）	300
光　源	T8 直管荧光灯，功率 36W，$Ra \geqslant 60$，色温 4100K，光通量 2850lm
镇流器	节能电感型
灯　具	双管、格栅，宽配光 8 套（每 8m×8m 内）
安装方式	悬挂支架
维护系数	0.8
利用系数	0.6
计算平均照度（lx）	$E = \dfrac{2850 \times 16 \times 0.6 \times 0.8}{64} = 342$（按 8×8 开间计算）
安装功率（W）	$(36 + 5.5) \times 2 \times 8 = 664$
安装功率密度（W/m²）	LPD = 10.38
折算到 300lx 时的 LPD（W/m²）	9.10

表 6.2.2-5　一般超市营业厅

商业 B1-2	简图：

房间长度	64m	灯具距地面高度	3.8m	顶棚反射比	50%
房间宽度	24m	灯具距工作面高度	3.05m	墙壁反射比	30%
房间高度	4.3m			地面反射比	20%

室形指数	$RI = \dfrac{64 \times 24}{3.05 \times (64 + 24)} = 5.72$（按全房间）
设计平均照度（lx）	300
光　源	T5 直管荧光灯，功率 28W，Ra≥80，色温 4000K，光通量 2660lm
镇流器	电子式
灯　具	双管、格栅，宽配光 8 套（每 8m×8m 内）
安装方式	悬挂支架
维护系数	0.8
利用系数	0.6
计算平均照度（lx）	$E = \dfrac{2660 \times 16 \times 0.8 \times 0.8}{64} = 319.2$（按 8×8 开间计算）
安装功率（W）	$(28 + 4) \times 2 \times 8 = 512$
安装功率密度 （W/m²）	LPD = 8
折算到300lx时的 LPD（W/m²）	7.52

表 6.2.2-6 高档商店营业厅

商业 A2-1	简图:	
	$3 \times 36W \times 8$	
商店 高档营业厅	8 m（高）　8 m（宽）	

房间长度	64m	灯具距地面高度	3.2m	顶棚反射比	70%
房间宽度	24m	灯具距工作面高度	2.45m	墙壁反射比	30%
房间高度	3.2m			地面反射比	20%

室形指数	$RI = \dfrac{40 \times 24}{2.45 \times (40 + 24)} = 6.12$
设计平均照度（lx）	500
光　源	T8 三基色直管荧光灯，功率 36W，Ra≥80，色温 4000K，光通量 3250lm
镇流器	电子式
灯　具	三管、格栅，宽配光 6 套（每 8m×8m 内）
安装方式	嵌入式
维护系数	0.8
利用系数	0.72
计算平均照度（lx）	$E = \dfrac{3250 \times 18 \times 0.72 \times 0.8}{64} = 526.5$（按 8×8 开间计算）
安装功率（W）	$(32 + 4) \times 3 \times 6 = 648$
安装功率密度 （W/m²）	LPD = 10.13
折算到 500lx 时的 LPD（W/m²）	9.62

表 6.2.2-7 高档商店营业厅

商业 A2-2	简图：
商店 高档营业厅	4×14W ×12

房间长度	40m	灯具距地面高度	3.2m	顶棚反射比	70%
房间宽度	24m			墙壁反射比	30%
房间高度	3.2m	灯具距工作面高度	2.45m	地面反射比	20%

室形指数	$RI = \dfrac{40 \times 24}{2.45 \times (40 + 24)} = 6.12$（按全房间）
设计平均照度（lx）	500
光　源	T5 直管荧光灯，功率 14W，Ra≥80，色温 4000K，光通量 1220lm
镇流器	电子式
灯　具	四管、格栅、宽配光 12 套（每 8m×8m 内）
安装方式	嵌入式
维护系数	0.8
利用系数	0.72
计算平均照度（lx）	$E = \dfrac{1220 \times 48 \times 0.72 \times 0.8}{64} = 527.0$（按 8×8 开间计算）
安装功率（W）	$(14 + 2.5) \times 4 \times 12 = 792$
安装功率密度（W/m²）	LPD = 12.38
折算到 500lx 时的 LPD（W/m²）	11.74

表 6.2.2-8 高档超市营业厅

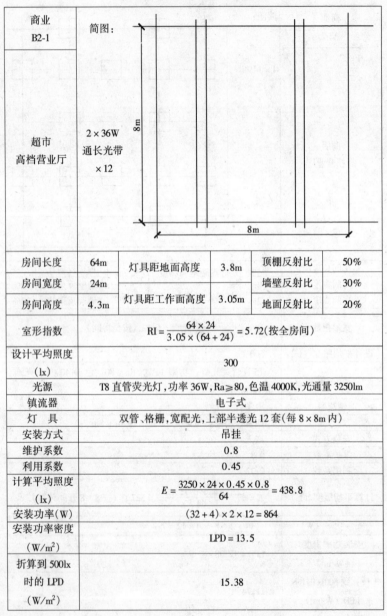

商业 B2-1	简图:					
超市 高档营业厅	$2 \times 36W$ 通长光带 $\times 12$					

房间长度	64m	灯具距地面高度	3.8m	顶棚反射比	50%
房间宽度	24m			墙壁反射比	30%
房间高度	4.3m	灯具距工作面高度	3.05m	地面反射比	20%

室形指数	$\mathrm{RI} = \dfrac{64 \times 24}{3.05 \times (64 + 24)} = 5.72$(按全房间)
设计平均照度 (lx)	300
光源	T8 直管荧光灯,功率 36W,Ra≥80,色温 4000K,光通量 3250lm
镇流器	电子式
灯具	双管、格栅,宽配光,上部半透光 12 套(每 8×8m 内)
安装方式	吊挂
维护系数	0.8
利用系数	0.45
计算平均照度 (lx)	$E = \dfrac{3250 \times 24 \times 0.45 \times 0.8}{64} = 438.8$
安装功率(W)	$(32 + 4) \times 2 \times 12 = 864$
安装功率密度 (W/m²)	LPD = 13.5
折算到 500lx 时的 LPD (W/m²)	15.38

表 6.2.2-9 高档超市营业厅

商业 B2-2	简图：	
超市 高档营业厅	$2 \times 28\text{W}$ $\times 18$	

房间长度	64m	灯具距地面高度	3.8m	顶棚反射比	50%
房间宽度	24m			墙壁反射比	30%
房间高度	4.3m	灯具距工作面高度	3.05m	地面反射比	20%

室形指数	$RI = \dfrac{64 \times 24}{3.05 \times (64 + 24)} = 5.72$(按全房间)
设计平均照度 (lx)	500
光源	T5 直管荧光灯, 功率 28W, Ra≥80, 色温 4000K, 光通量 2660lm
镇流器	电子式
灯 具	双管、格栅、宽配光, 上部半透光 18 套(每 8m×8m 内)
安装方式	吊挂
维护系数	0.8
利用系数	0.45
计算平均照度 (lx)	$E = \dfrac{2660 \times 36 \times 0.45 \times 0.8}{64} = 538.7$
安装功率(W)	$(28 + 4) \times 2 \times 18 = 1152$
安装功率密度 (W/m^2)	LPD = 18
折算到 500lx 时的 LPD (W/m^2)	16.70

153

6.2.3 教室照明功率密度论证

1 条件

按常用教室尺寸，本标准规定的照度为300lx，使用开启式配照型荧光灯具，用不同类型直管荧光灯及不同镇流器，设计了几种方案，计算照度和照明功率密度（LPD），进行分析、比较，对本标准制定的LPD值的可行性进行论证。

2 计算数据

几种方案的LPD值（统一折算到300lx时的LPD）列于表6.2.3-1。

表6.2.3-1 教室几种设计方案的LPD值

方案号	选用光源	选用镇流器	选用灯具	折算到300lx平均照度的LPD（W/m²）
1	T5 三基色荧光灯，Ra > 80，~4000K，光通3250lm	电子式（L级）	开启、配照型	6.10（6.61）
2	同上	节能电感式	开启、配照型	7.04（7.62）
3	同上	电感式	开启、配照型	7.63（8.26）
4	T8 荧光灯，Ra > 60，~4000K，光通2850lm	电子式（L级）	开启、配照型	6.98（7.56）
5	T8 荧光灯，Ra > 60，~4000K，光通2850lm	节能电感式	开启、配照型	8.04（8.71）
6	T8 荧光灯，Ra > 60，~4000K，光通2850lm	电感式	开启、配照型	8.72（9.44）
7	T8 荧光灯，Ra > 60，~6200K，光通2500lm	节能电感式	开启、配照型	9.16（9.92）
8	T8 荧光灯，Ra > 60，~6200K，光通2500lm	电感式	开启、配照型	9.93（10.75）

方案号	选 用 光 源	选用镇流器	选用灯具	折算到 300lx 平均照度的 LPD（W/m²）
9	T5 荧光灯，Ra > 80，～4000K，光通 2660lm	电子式（L级）	开启、配照型	6.63（7.18）

注：表中 LPD 值括号内数字为含黑板灯的数据。

3 比较

1）三基色 T8 管配电子镇流器，LPD 最小，含黑板灯之 LPD（以下同）为 6.61 W/m²，设定为 100%；

2）其次是 T5 管配电子镇流器，LPD 为 7.18W/m²，为前者的 108.6%；

3）第三是 T8 管配电子镇流器和 T8 三基色管配节能电感镇流器，LPD 为 7.56W/m² 和 7.62 W/m²，分别为 114.4% 和 115.3%；

4）最差的是 T8 高色温（～6200K）普通管，配电感镇流器，LPD 为 10.75W/m²，为 162.6%。

4 结果分析和结论

1）采用方案 1、9、2、4，即 T8 和 T5 三基色管，配电子或节能电感镇流器，其 LPD 值低，符合本标准规定的 LPD 不大于 11W/m²，并分别为规定 LPD 值的 60.1%、65.3% 和 68.7%、69.3%，即留有约 30%～40% 的余量，使一般设计可以达到。

2）上条所叙述的 4 个方案 LPD 值较低，其中方案 1、9、2 等 3 个方案均为 T8 或 T5 三基色灯管，Ra > 80，符合本标准要求的显色指数 Ra 的要求，所以不宜采用方案 4、5、6 等 Ra < 80 的灯管，更不应采用方案 7、8 的 Ra < 80，色温高、光效低的灯管。

3）镇流器应采用电子式或节能电感式，符合节能要求及当前产品现状，不应使用传统的电感式。

5 具体方案及计算

教室的各种方案及计算列于表 6.2.3-2

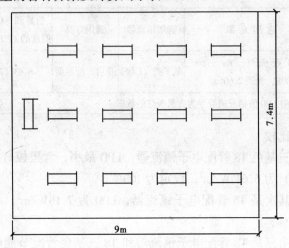

图 6.2.3-1　房间灯具示意图

表 6.2.3-2　房间或场所名称：教室（按图 6.2.3-1）

设计平均照度 （lx）		300		
房间状况	长　9.0m 宽　7.4m 面积　66.6m²	灯具离地高度　2.60m 离作业面高度　1.85m	反射比	顶棚　70% 墙面　50% 地面　20%
室形指数 RI	RI＝（9×7.4）／[1.85×（9＋7.4）]＝2.2			
设计方案号	1	2		3
选用光源	T8 三基色荧光灯 36W Ra＞80，色温～4000K， 光通 3250lm	同左		同左
选用镇流器	电子式，L 级， 损耗≤4W	节能电感式， 损耗≤5.5W		电感式，损耗≤9W
选用灯具	开启，配照型 12＋1 套	同左		同左
维护系数	0.8	0.8		0.8
利用系数	0.68	0.68		0.68

续表 6.2.3-2（按图 6.2.3-1）

设计平均照度（lx）	300						
房间状况	长　9.0m 宽　7.4m 面积　66.6m²		灯具离地高度　2.60m 离作业面高度　1.85m		反射比		顶棚　70% 墙面　50% 地面　20%
室形指数 RI	RI =（9×7.4）/［1.85×（9+7.4）］= 2.2						
设计方案号	1		2			3	
计算平均照度 $E=$（lx）	$E=\dfrac{3250×12×0.8×0.68}{66.6}$ = 319		319			319	
含镇流器的总安装功率（W）	（32+4）×12 = 432 （含黑板灯为468）		（36+5.5）×12 = 498 （含黑板灯为539.5）			（36+9）×12 = 540 （含黑板灯为585）	
照度功率密度 LPD（W/m²）	6.49（含黑板灯为7.03）		7.48 （含黑板灯为8.10）			8.11 （含黑板灯为8.78）	
折算到300lx的 LPD	6.10（含黑板灯为6.61）		7.04 （含黑板灯为7.62）			7.63 （含黑板灯为8.26）	

设计平均照度（lx）	300		
房间状况	长　9.0m 宽　7.4m 面积　66.6m²	灯具离地高度　2.60m 离作业面高度　1.85m　反射比	顶棚　70% 墙面　50% 地面　20%
室形指数 RI	RI = 2.2		
设计方案号	4	5	6
选用光源	T8　荧光灯　36W Ra>60，色温~4000K， 光通 2850lm	同左	同左
选用镇流器	电子式，L级， 损耗≤4W	节能电感式， 损耗≤5.5W	电感式，损耗≤9W
选用灯具	开启，配照型12+1套	同左	同左
维护系数	0.8	0.8	0.8
利用系数	0.68	0.68	0.68

续表 6.2.3-2（按图 6.2.3-1）

设计平均照度 (lx)	300		
房间状况	长 9.0m 宽 7.4m 面积 66.6m²	灯具离地高度 2.60m 离作业面高度 1.85m	反射比	顶棚 70% 墙面 50% 地面 20%
室形指数 RI	RI = 2.2		
设计方案号	4	5	6
计算平均照度 E (lx)	$E = \dfrac{2850 \times 12 \times 0.8 \times 0.68}{66.6}$ $= 279$	279	279
含镇流器的总安装功率 (W)	$(32 + 4) \times 12 = 432$ （含黑板灯为468）	$(36 + 5.5) \times 12 = 498$ （含黑板灯为539.5）	$(36 + 9) \times 12 = 540$ （含黑板灯为585）
照明功率密度 LPD (W/m²)	6.49 （含黑板灯为7.03）	7.48 （含黑板灯为8.10）	8.11 （含黑板灯为8.78）
折算到300lx 的 LPD	6.98 （含黑板灯为7.56）	8.04 （含黑板灯为8.71）	8.72 （含黑板灯为9.44）

设计平均照度 (lx)	300		
房间状况	长 9.0m 宽 7.4m 面积 66.6m²	灯具离地高度 2.60m 离作业面高度 1.85m	反射比	顶棚 70% 墙面 50% 地面 20%
室形指数 RI	RI = 2.2		
设计方案号	7	8	9
选用光源	T8 荧光灯 36W Ra > 60, 色温 ~6200K, 光通 2500lm	同左	T8 三基色荧光灯 28W Ra > 80, 色温 ~4000K, 光通 2660lm
选用镇流器	节能电感式, 损耗≤5.5W	电感式, 损耗≤9W	电子式, L级, 损耗≤4W
选用灯具	开启, 配照型 12+1 套	同左	开启, 配照型 12+1 套
维护系数	0.8	0.8	0.8
利用系数	0.68	0.68	0.68

设计平均照度（lx）	300					
房间状况	长　9.0m 宽　7.4m 面积　66.6m²		灯具离地高度　2.60m 离作业面高度　1.85m	反射比		顶棚　70% 墙面　50% 地面　20%
室形指数 RI	RI = 2.2					
设计方案号	7		8		9	
计算平均照度（lx）	$E = \dfrac{2500 \times 12 \times 0.8 \times 0.68}{66.6}$ $= 245$		245		$E = \dfrac{2660 \times 12 \times 0.8 \times 0.68}{66.6}$ $= 261$	
含镇流器的总安装功率（W）	$(36 + 5.5) \times 12 = 498$ （含黑板灯为 539.5）		$(36 + 9) \times 12 = 540$ （含黑板灯为 585）		$(28 + 4) \times 12 = 384$ （含黑板灯为 416）	
照明功率密度 LPD（W/m²）	7.48 （含黑板灯 8.10）		8.11 （含黑板灯 8.78）		5.77 （含黑板灯 6.25）	
折算到 300lx 的 LPD	9.16 （含黑板灯为 9.92）		9.93 （含黑板灯为 10.75）		6.63 （含黑板灯为 7.18）	

6.2.4　工业场所照明功率密度论证

1　目的

选取代表性场所编制几个典型设计方案，以论证新的《建筑照明设计标准》制定的照明功率密度（LPD）值的可行性和合理性。

2　场所的选取

选取了较常见、有代表性的三类场所：

1）精密的仪表装配，清洁，房间较低，使用荧光灯；

2）较精的机械加工，中等清洁，房间高度中等，使用金卤灯；

3）精度较低的热处理，较多尘、高温，房间较高，使用金卤灯或高压钠灯。

3 设计方案的计算

每类场所设定相同房间，同样灯具，按几种不同光源、不同镇流器作出设计方案，计算照度和 LPD 值，并折算到标准照度值时的 LPD 值。

仪表装配间几种方案的 LPD 值列于表 6.2.4-1，机械加工和热处理间的 LPD 值列于表 6.2.4-2。

表 6.2.4-1　仪表装配间几种设计方案照度 500lx 时的 LPD 值

方案号	选 用 光 源	选用镇流器	选用灯具	折算到 500lx 时的 LPD（W/m²）
1	T8 三基色荧光灯、36W，Ra > 80，色温 ~ 4000K，3250lm	电子式（L级）	格栅、双管、宽配光	11.74
2	T8 三基色荧光灯、36W，Ra > 80，色温 ~ 4000K，3250lm	节能电感式	格栅、双管、宽配光	13.53
3	T8 三基色荧光灯、36W，Ra > 80，色温 ~ 4000K，3250lm	电感式	格栅、双管、宽配光	14.68
4	T8 荧光灯、36W，Ra > 60 色温 ~ 4000K，2850lm	电子式（L级）	格栅、双管、宽配光	13.39
5	T8 荧光灯、36W，Ra > 60 色温 ~ 4000K，2850lm	节能电感式	格栅、双管、宽配光	15.44
6	T8 荧光灯、36W，Ra > 60 色温 ~ 4000K，2850lm	电感式	格栅、双管、宽配光	16.74
7	T8 荧光灯、36W，Ra > 60 色温 ~ 6200K，2500lm	节能电感式	格栅、双管、宽配光	17.59
8	T8 荧光灯、36W，Ra > 60 色温 ~ 6200K，2500lm	电感式	格栅、双管、宽配光	19.07
9	T5 三基色荧光灯，28W，Ra > 80，色温 ~ 4000K，2660lm	电子式（L级）	格栅、双管、宽配光	12.74

表 6.2.4-2 机械加工、热处理几种设计方案的 LPD 值

场所	方案号	选用光源	选用镇流器	选用灯具	折算到标准照度时的 LPD（W/m²）	标准照度（lx）
机械加工	1	金卤灯，400W，Ra > 60，~ 4000K，35000lm	电感式	直射、块板宽配光	7.79	300
	2	金卤灯，400W，Ra > 60，~ 4000K，35000lm	节能电感式	直射、块板宽配光	7.42	
	3	陶瓷金卤灯，400W，Ra > 80，~ 3000K，40000lm	电感式	直射、块板宽配光	6.81	
	4	陶瓷金卤灯，400W，Ra > 80，~ 3000K，40000lm	节能电感式	直射、块板宽配光	6.49	
热处理	1	金卤灯，400W，Ra > 60，~ 4000K，35000lm	电感式	直射、块板宽配光	6.81	200
	2	金卤灯，400W，Ra > 60，~ 4000K，35000lm	节能电感式	直射、块板宽配光	6.47	
	3	高压钠灯，400W，Ra > 20，~ 2100K，48000lm	电感式	直射、块板宽配光	4.98	
	4	高压钠灯，400W，Ra > 20，~ 2100K，48000lm	节能电感式	直射、块板宽配光	4.74	

4 结果分析和结论

1）仪表装配：用 T8 或 T5 三基色荧光灯配电子式或节能电感镇流器，LPD 为 11.74、12.74 和 13.53W/m²，分别为标准制定的 LPD 最高限值 19 W/m² 的 61.8%、67.1% 和 71.2%，留有足够余地，制定的 LPD 指标可行。

这三种方案的 LPD 值较小，能效高，Ra > 80，均满足标准之要求，实现了优质高效。

2）机械加工：用金卤灯，配节能电感镇流器，300lx 时 LPD 为 7.42 W/m^2，为标准规定的最高限值 12 W/m^2 的 61.8%，有足够裕量，LPD 指标可行。Ra > 60，能满足标准要求。

3）热处理：用金卤灯，配节能电感镇流器，200lx 时 LPD 达 6.47 W/m^2，为标准规定 LPD 值 8 W/m^2 的 81%，指标可行。Ra > 60，满足要求。

使用高压钠灯，则 LPD 值更低，能效更高，但 Ra 低，尚可使用。

5 具体方案和计算

仪表装配的设计方案和计算列于表 6.2.4-3，机械加工的设计方案和计算列于表 6.2.4-4，热处理的设计方案和计算列于表 6.2.4-5。

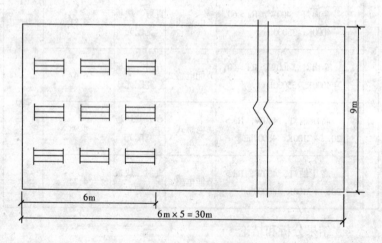

图 6.2.4-1 房间灯具示意图

表 6.2.4-3　房间或场所名称：仪表装配（按图 6.2.4-1）

设计平均照度（lx）	500		
房间状况	长　30m 宽　9m 面积　270m²	灯具离地高度　3.90m 离作业面高度　3.15m　反射比	顶棚　70% 墙面　50% 地面　20%
室形指数 RI	$RI = (30 \times 9)/[3.15 \times (30 \times 9)] = 2.2$		
设计方案号	1	2	3
选用光源	T8　三基色荧光灯　36W Ra > 80,色温 ~ 4000K,光通 3250lm	同 1	同 1
选用镇流器	电子式,L 级, 损耗≤4W	节能电感式, 损耗≤5.5W	电感式,损耗≤9W
选用灯具	格栅双管　45 套	同 1	同 1
维护系数	0.8	0.8	0.8
利用系数	0.59	0.59	0.59
计算平均照度（lx）	$E = \dfrac{3250 \times 45 \times 2 \times 0.8 \times 0.59}{270}$ $= 511$	511	511
含镇流器的总安装功率（W）	$(32 + 4) \times 45 \times 2 = 3240$	$(36 + 5.5) \times 90 = 3735$	$(36 + 9) \times 90 = 4050$
照明功率密度 LPD(W/m²)	12	13.83	15
折算到 500lx 的 LPD	11.74	13.53	14.68

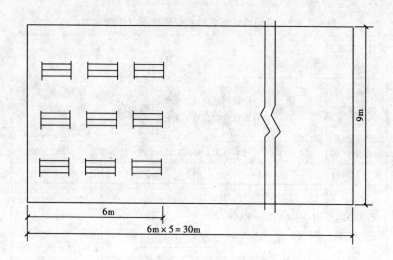

图 6.2.4-2　房间灯具示意图

续表 6.2.4-3（按图 6.2.4-2）

设计平均照度 （lx）	500				
房间状况	长　30m 宽　9m 面积　270m²	灯具离地高度　3.90m 离作业面高度　3.15m	反射比	顶棚　70% 墙面　50% 地面　20%	
室形指数 RI	RI = (30×9)/[3.15×(30×9)] = 2.2				
设计方案号	4		5		6
选用光源	T8　荧光灯　36W Ra>60,色温~4000K, 光通 2850lm		同左		同左
选用镇流器	电子式,L级, 损耗≤4W		节能电感式, 损耗≤5.5W		电感式,损耗≤9W
选用灯具	格栅双管　45 套		同左		同左
维护系数	0.8		0.8		0.8
利用系数	0.59		0.59		0.59

续表 6.2.4-3(按图 6.2.4-2)

设计平均照度 (lx)	500		
房间状况	长　30m 宽　9m 面积　270m²	灯具离地高度　3.90m 离作业面高度　3.15m　反射比	顶棚　70% 墙面　50% 地面　20%
室形指数 RI	$RI = (30 \times 9)/[3.15 \times (30 \times 9)] = 2.2$		
设计方案号	4	5	6
计算平均照度 (lx)	$E = \dfrac{2850 \times 45 \times 2 \times 0.8 \times 0.59}{270}$ $= 448$	448	448
含镇流器的 总安装功率 (W)	$(32 + 4) \times 45 \times 2 = 3240$	$(36 + 5.5) \times 90 = 3735$	$(36 + 9) \times 90 = 4050$
照明功率密度 LPD(W/m²)	12	13.83	15
折算到 500lx 的 LPD	13.39	15.44	16.74

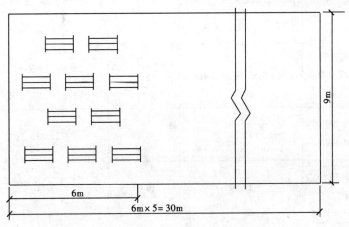

图 6.2.4-3　房间灯具示意图

设计平均照度（lx）	500		
房间状况	长 30m 宽 9m 面积 270m²	灯具离地高度 3.90m 离作业面高度 3.15m	反射比	顶棚 70% 墙面 50% 地面 20%
室形指数 RI	RI = 2.2		
设计方案号	7	8	9
选用光源	T8 荧光灯 36W Ra > 60，色温 ~ 6200K， 光通 2500lm	同左	T5 荧光灯 28W Ra > 80，色温 ~ 4000K， 光通 2660lm
选用镇流器	节能电感式， 损耗 ≤ 5.5W	电感式， 损耗 ≤ 9W	电子式，L 级， 损耗 ≤ 4W
选用灯具	格栅双管 50 套	同左	格栅双管 50 套
维护系数	0.8	0.8	0.8
利用系数	0.59	0.59	0.59
计算平均照度（lx）	$E = \dfrac{2500 \times 100 \times 0.8 \times 0.59}{270}$ $= 437$	437	$E = \dfrac{2660 \times 50 \times 2 \times 0.8 \times 0.59}{270}$ $= 465$
含镇流器的总安装功率（W）	$(36 + 5.5) \times 100 = 4150$	$(36 + 9) \times 100$ $= 4500$	$(28 + 4) \times 50 \times 2$ $= 3200$
照明功率密度 LPD（W/m²）	15.37	16.67	11.85
折算到 500lx 的 LPD	17.59	19.07	12.74

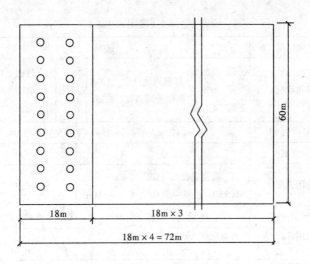

图 6.2.4-4　房间灯具示意图

表 6.2.4-4　房间或场所名称：机械加工（按图 6.2.4-4）

设计平均照度（lx）	300				
房间状况	长　72m 宽　60m 面积　4320m²	灯具离地高度　7.0m 离作业面高度　6.25m	反射比		顶棚　30% 墙面　30% 地面　10%
室形指数 RI	RI =（72×60）/［6.25×（72+60）］= 5.24				
设计方案号	1			2	
选用光源	金卤灯　400W Ra>60，色温~4000K，光通 35000lm			同 1	
选用镇流器	电感式，损耗≤58W			节能电感式，损耗≤36W	
选用灯具	直射配照、块板、宽配光 72 套			同 1	
维护系数	0.70			0.70	
利用系数	0.72			0.72	
计算平均照度（lx）	$E = \dfrac{35000 \times 72 \times 0.7 \times 0.72}{4320} = 294$			294	
含镇流器的总安装功率（W）	（400+58）×72 = 32976			（400+36）×72 = 31392	
照明功率密度 LPD（W/m²）	7.63			7.27	
折算到 300lx 的 LPD	7.79			7.42	

续表 6.2.4-4（按图 6.2.4-4）

设计平均照度（lx）	300		
房间状况	长　72m 宽　60m 面积　4320m²	灯具离地高度　7.0m 离作业面高度　6.25m	反射比	顶棚　30% 墙面　30% 地面　10%
室形指数 RI	RI =（72×60）/［6.25×（72+60）］= 5.24		
设计方案号	3		4
选用光源	陶瓷金卤灯（GE）　400W Ra>80，色温~3000K，光通 40000lm		同左
选用镇流器	电感式，损耗≤58W		节能电感式，损耗≤36W
选用灯具	直射配照、块板式、宽配光　72 套		同左
维护系数	0.70		0.70
利用系数	0.72		0.72
计算平均照度（lx）	$E = \dfrac{40000 \times 72 \times 0.7 \times 0.72}{4320} = 336$		336
含镇流器的总安装功率（W）	（400+58）×72 = 32976		（400+36）×72 = 31392
照明功率密度 LPD（W/m²）	7.63		7.27
折算到 300lx 的 LPD	6.81		6.49

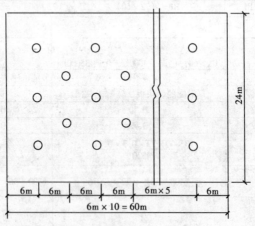

图 6.2.4-5　房间灯具示意图

表 6.2.4-5　房间或场所名称：热处理（按图 6.2.4-5）

设计平均照度（lx）	200				
房间状况	长　60m 宽　24m 面积　1440m²	灯具离地高度　9.0m 离作业面高度　8.25m	反射比	顶棚　30% 墙面　30% 地面　10%	
室形指数 RI	RI =（60×24）/［8.25×（60+24）］= 2.08				
设计方案号	1			2	
选用光源	金卤灯　400W Ra>60，色温~4000K，光通 35000lm			同左	
选用镇流器	电感式，损耗≤58W			节能电感式，损耗≤36W	
选用灯具	直射型工厂灯　23 套			同左	
维护系数	0.6			0.6	
利用系数	0.64			0.64	
计算平均照度（lx）	$E = \dfrac{35000 \times 23 \times 0.6 \times 0.64}{1440} = 215$			215	
含镇流器的总安装功率（W）	（400+58）×23 = 10534			（400+36）×23 = 10028	
照明功率密度 LPD（W/m²）	7.32			6.96	
折算到 200lx 的 LPD	6.81			6.47	

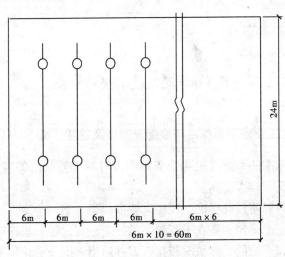

图 6.2.4-6　房间灯具示意图

设计平均照度（lx）		200				
房间状况	长　60m 宽　24m 面积　1440m²	灯具离地高度　9.0m 离作业面高度　8.25m		反射比	顶棚　30% 墙面　30% 地面　10%	
室形指数 RI		RI = 2.08				
设计方案号		3			4	
选用光源		高压钠灯　400W Ra > 20，色温 ~ 2100K，光通 48000lm			同左	
选用镇流器		电感式，损耗≤58W			节能电感式，损耗≤36W	
选用灯具		直接型工厂灯　18 套			同左	
维护系数		0.6			0.6	
利用系数		0.64			0.64	
计算平均照度（lx）		$E = \dfrac{48000 \times 18 \times 0.6 \times 0.64}{1440} = 230$			230	
含镇流器的总安装功率（W）		（400 + 58）× 18 = 8244			（400 + 36）× 18 = 7848	
照明功率密度 LPD（W/m²）		5.73			5.45	
折算到 200lx 的 LPD		4.98			4.74	

6.3　能耗及技术经济分析

6.3.1　工业场所新标准与原标准照度及能耗分析

新标准的和原《工业企业照明设计标准》GB 50034—92 比，照度水平有较大提高。

作为照明设计标准，照度大幅度提高，是一个突变；但实际设计中，十多年来是在不断提高的一个渐变过程。新标准制定的照度是和当前的实际情况较接近，并适当考虑今后几年发展的需要。

通过若干个工业建筑典型场所，按新标准照度提高的倍数，对能耗增加量进行分析和对比。

1 典型场所选取

选取较通用的场所，原标准和新标准都规定了具体照度值的场所共 13 个。其中：高度在 4～5m 以上，通常使用高强气体放电灯（HID）的机械加工、机电装配、焊接等 8 个场所（见表6.3.1-1）；高度 4～5m 以下的，通常使用荧光灯的控制室、试验室等 5 个场所（见表 6.3.1-2）。

表 6.3.1-1 工业建筑新老标准照度及能耗比较（1）

工业建筑房间或场所名称		按原标准 GB 50034—92			按新标准 GB 50034—2004		
		平均照度 (lx)	LPD 值（W/m²）		平均照度 (lx)	LPD 值（W/m²）	
			汞灯＋中显钠	汞灯＋钠灯		金属卤化物灯	高压钠灯
大件装配	数值	75	2.66	2.36	200	3.95	2.96
	对比（%）	100	100	88.7	267	148.5	111.3
一般件装配	数值	100	3.55	3.14	300	5.93	4.44
	对比（%）	100	100	88.5	300	167	125
精密装配	数值	150	5.32	4.71	500	9.88	7.41
	对比（%）	100	100	88.5	333	185.7	139.3
机械加工粗加工	数值	50	1.77	1.57	200	3.95	2.96
	对比（%）	100	100	88.7	400	223.2	167.2
机械加工一般	数值	75	2.66	2.36	300	5.93	4.44
	对比（%）	100	100	88.7	400	222.9	166.9
机械加工精密	数值	150	5.32	4.71	500	9.88	7.41
	对比（%）	100	100	88.5	333	185.7	139.3
一般焊接	数值	75	2.66	2.36	200	3.95	2.96
	对比（%）	100	100	88.7	267	148.5	111.3
精密焊接	数值	100	3.55	3.14	300	5.93	4.44
	对比（%）	100	100	88.5	300	167	125
平均	数值	96.9	3.44	3.04	312.5	6.17	4.62
	对比（%）	100	100	88.4	322.5	179	134

表 6.3.1-2　工业建筑新老标准照度及能耗比较 (2)

工业建筑房间或场所名称		按原标准 GB 50034—92		按新标准 GB 50034—2004		
		平均照度 (lx)	LPD 值(W/m²) T12 灯管(40W)配电感镇流器	平均照度 (lx)	LPD 值(W/m²)	
					T8 灯管(36W)电子镇流器	T8 灯管(36W)节能电感镇流器
一般控制室	数值	100	4.74	300	6.24	7.18
	对比(%)	100	100	300	131.6	151.5
主控制室	数值	200	9.48	500	10.39	11.97
	对比(%)	100	100	250	109.6	126.3
实验室	数值	150	7.11	300	6.24	7.18
	对比(%)	100	100	200	87.8	101
计量室	数值	200	9.48	500	10.39	11.97
	对比(%)	100	100	250	109.6	126.3
电话站	数值	150	7.11	500	10.39	11.97
	对比(%)	100	100	333	146.1	168.4
平均	数值	160	7.59	420	8.73	10.05
	对比(%)	100	100	262.5	115	132.5

2　方法

每个场所列出标准规定的照度，按此照度及标准发布时通常使用的光源等产品作出设计方案，计算所需的照明安装功率值和照明功率密度（LPD）值，再进行照度和 LPD 值对比。

3　设计条件

1）场所（房间）面积和高度相同，假设使用灯具相同，即利用系数相同。

2）光源

①原标准：HID 灯选 2 种：GGY-400W + NGX-250W，光通量为 21000lx + 22000lm；

　　GGY-400W + NG-250W，光通为 21000lx + 27500lm。

荧光灯用 T12，40W，光通量 2200lm

②新标准：HID 灯选 2 种：MH-400W，光通量 36000lm

　　　　　　NG-400W，光通量 48000lm

荧光灯用 T8 三基色，36W，4000K，光通量 3250lm

3）镇流器

①原标准：普通电感镇流器的损耗值：400W 为 58W；250W 为 38W；40W 为 10W。

②新标准：HID 灯用节能电感式的损耗值：400W 为 36W；250W 为 25W。

T8 荧光灯 36W 用电子式和节能电感式，损耗分别为 4W 和 5.5W。

4）照度

①原标准：按全房间的平均照度。

②新标准：规定为作业面的平均照度，允许邻近周围、非作业面及通道可以适当降低，计算中将安装功率乘以降低系数：HID 灯——0.8；直管荧光灯——0.9。

4　表达形式

各场所的照度及计算的 LPD 值列于表 6.3.2-1、表 6.3.2-2，并以原标准为基数（100%），计算出各方案的照度及 LPD 的百分数（即倍数）。

符号说明：GGY——荧光高压汞灯；NG——高压钠灯；NGX——中显色高压钠灯；

MH——金属卤化物灯；T12——T12 荧光灯；T8——T8 三基色荧光灯。

5　分析和比较

按新标准和原标准的照度、LPD 值以及显色指数（Ra）分析和比较列于表 6.3.1-3。

表 6.3.1-3　工业建筑典型场所照度和 LPD 值对比

场所状况	标准	平均照度对比（%）	LPD 对比（%）		Ra 对比	
			方案 1	方案 2	方案 1	方案 2
较高的房间或场所使用 HID 光源 8 例平均值	原标准	100	GGY + NGX 100	GGY + NG 100	GGY + NGX > 40	GGY + NG > 20
	新标准	323	MH 179	NG 152	MH > 60	NG > 20
较矮场所使用直管荧光灯 5 例平均值	原标准	100	T12 100	T12 100	> 60	> 60
	新标准	263	T8，电子镇 115	T8，节能电感镇 133	> 80	> 80

6　结论

从表 6.3.1-3 比较，使用 HID 灯的较高工业场所 8 例平均值看，照度为原标准的 3.23 倍，LPD 值为 1.52～1.79 倍，Ra 较接近，能效有所提高，尚可接受；使用直管荧光灯的较低矮工业场所 5 例平均值，照度为原标准的 2.63 倍，LPD 值仅为 1.15～1.33 倍，且 Ra 有明显提高，效益十分显著。

6.3.2　办公室新标准与原标准技术经济比较

以普通办公室为例，对新修订标准和原标准 GBJ 133—90 的照度、照明功率密度（LPD），以及建设费用和运行维护费用进行比较。

1　条件

1）普通办公室设定尺寸：13.2m × 6m，面积 79.2m²，灯离桌面高 2.05m。

2）平均照度：原标准 GBJ 133—90 为 200lx，新标准为 300lx。

3）光源：均为直管荧光灯，1990 年用 T12 灯管，2004 年设定为三基色 T8 灯管。

4）镇流器：1990 年用电感式，2004 年用电子式和节能电感式两种。

5）灯具：均为同样的格栅、双管、宽配光荧光灯具。

6）年工作小时数：3000h，电价：0.5 元/kW·h。

2 设计方案及计算结果

室内布置 2 排，共 8 套双管灯具，共 16 支灯管，计算平均照度及 LPD 值列于表 6.3.2-1。

表 6.3.2-1 设计方案及计算结果比较

依据标准及照度标准值	原标准 GBJ 133—90 200lx	新修订标准 GB 50034—2004 照度标准 300lx	
		方案 1	方案 2
选用光源	T12 荧光灯，40W，16 支 Ra＞60，2200lm	T8 三基色荧光灯，36W，16 支 Ra＞80，～4000K，3250lm	同左
选用镇流器	电感式，损耗≤10W	电子式（L 级），损耗≤4W	节能电感式，损耗≤5.5W
选用灯具	格栅，双管，宽配光灯，8 套	同左	同左
计算平均照度（lx）	210	310	310
安装功率（W）	800	576	664
LPD（W/m²）	10.1	7.27	8.38
折算到标准照度之 LPD（W/m²）	9.62	7.04	8.11

3 初建费用的计算和比较

初建费用计算列于表 6.3.2-2。照明配电线路及开关等电器费用基本相同，不列入本表中。

表 6.3.2-2 办公室几种照明方案的初建费用

照明器材	按原标准 GBJ 133—90 设计的方案（200lx）	按新标准 GB 50034—2004 设计（300lx）	
		方案 1	方案 2
格栅灯具（含安装费）单价（元）×数量	300 元 × 8 = 2400 元	2400 元	2400 元
荧光灯管 单价（元）×数量	6 元 × 16 = 96 元	21 元 × 16 = 336 元	336 元
镇流器 单价（元）×数量	13 元 × 16 = 208 元	一带二电子镇（L 级）90 元 × 8 = 720 元	20 元 × 16 = 320 元
起动器 单价（元）×数量	1 元 × 16 = 16 元	0	1 元 × 16 = 16 元
补偿电容器 单价（元）×数量	8 元 × 16 = 128 元	8 元 × 16 = 128 元	
合 计	2848 元	3456 元	3200 元

4 运行费计算

运行费主要计入电费及灯管更换费，未计入灯具的擦洗维护费。

电费计算中，按年运行时间 3000h，电价 0.5 元/kW·h，计入 0.9 的利用系数，同时考虑占用变配电容量的基本电价及变压器、线路损耗因数，计入 1.2 的附加电费系数。除计算年电费外，还考虑照明灯具等的一般寿命期内的全运行费。

运行费计算列于表 6.3.2-3。

未计入费用利息。

表 6.3.2-3 办公室几种照明方案的运行费

运行费项目	按原标准 GBJ 133—90 设计的方案（200lx）	按新标准 GB 50034—2004 设计（300lx）	
		方案 1	方案 2
年电费（元）	$0.5 \times \dfrac{40+10}{1000} \times 3000$ $\times 0.9 \times 1.2 = 1296$ 元	$0.5 \times \dfrac{32+4}{1000} \times 3000$ $\times 0.9 \times 1.2 = 933$ 元	$0.5 \times \dfrac{36+5.5}{1000} \times 16 \times 3000$ $\times 0.9 \times 1.2 = 1076$ 元

运行费项目	按原标准 GBJ 133—90 设计的方案（200lx）	按新标准 GB 50034—2004 设计（300lx）	
		方案 1	方案 2
10 年(寿命期)电费总计（元）	1296 × 10 = 12960 元	933 × 10 = 9330 元	1076 × 10 = 10760 元
光源更换费（元）	$\left(\dfrac{3000 \times 10}{5000} - 1\right) \times 6$ $= 30$ 元	$\left(\dfrac{3000 \times 10}{12000} - 1\right) \times 21$ $= 42$ 元	$\left(\dfrac{3000 \times 10}{12000} - 1\right) \times 21$ $= 42$ 元
运行费总计	12960 + 30 = 12990 元	9330 + 42 = 9372 元	1076 + 42 = 10802 元

注：灯具寿命期取 10 年，是在额定运行条件下（额定电压，温度低于 30℃），年工作小时为 3000h 的寿命值。

5 全费用分析和比较

1）简单的比较

不计投资利息，按初建费和 10 年运行费的总和进行比较，列于表 6.3.2-4。

表 6.3.2-4 办公室几种方案的全费用简单比较

运行费项目	按原标准 GBJ 133—90 设计的方案（200lx）	按新标准 GB 50034—2004 设计（300lx）	
		方案 1	方案 2
初建费和 10 年运行费总和（元）	2848 + 12990 = 15838 元	3456 + 9372 = 12828 元	3200 + 10802 = 14002 元
总费用比较（以原标准为 100）	100%	81%	88.41%

2）按全寿命期综合能效费用法（TOC 法）或等效初始费用法（EFC 法）比较将寿命内的各年费用贴现到某一基准年（取初建设期年份）的现值费用。等效总费用 TOC 的计算式如下：

$$TOC = C + K_{pw} \cdot P \qquad (6.3.2\text{-}1)$$

式中 TOC——等效总费用，元；

C——初建费用，元；

P——年费用，元；

K_{pw}——现值系数。

现值系数 K_{pw} 的计算式如下：

$$K_{pw} = \frac{1 - \left(\dfrac{1 + a}{1 + i}\right)^{n}}{i - a} \qquad (6.3.2\text{-}2)$$

式中 n——全寿命期年数，取 10 年；

i——年利息，取 0.07；

a——通胀率，取 0.02。

计算结果 $K_{pw} = 7.606$。

按此数代入（6.3.2-1）式，对各设计方案计算的等效总费用列于表 6.3.2-5。

表 6.3.2-5   办公室几种方案等效总费用比较

项　　　目	按原标准 GBJ 133—90 设计方案（200lx）	按新标准 GB 50034—2004 设计（300lx）	
		方案 1	方案 2
初建费和运行费等效总费用（元）	$2848 + 12990 \times \dfrac{7.606}{10}$ $= 12728$ 元	$3456 + 9372 \times \dfrac{7.606}{10}$ $= 10584$ 元	$3200 + 10802 \times \dfrac{7.606}{10}$ $= 11416$ 元
总费用比较（以原标准为 100%）	100%	83.16%	89.70%

6   结论

1）按新标准设计的方案达到平均照度 300lx，而 10 年寿命期内总费用仅为按原标准设计的 200lx 时的 81% 到 88.41%；考虑到投资利息的 10 年期等效总费用则为 83.16% 到 89.70%，技术经济效益良好。

2）按新标准设计方案使用三基色荧光灯，显色指数 Ra 达 80 以上，而在十多年前使用的普通荧光灯 Ra 为 60~72。

3）以上分析按新标准设计达到的技术指标（照度、显色指数）高，节能效果好，经济指标也好，原因是光源、镇流器产品的技术进步的结合，同时也基于今天设计的认识和观念的进步。

7 照明配电及控制

7.1 照明电压

7.1.1 1500W 及以上的 HID 灯泡，其额定电压通常有 220V 及 380V 两种。使用 380V 电压时，可以降低配电线路中性线电流，同时可降低线路电压损失及电能损耗。

7.1.2 本条使用安全特低电压（SELV）及灯具类别的说明。

    1 关于采用安全特低电压（SELV）

    根据国家标准《电流通过人体的效应》GB/T 13870.1—92（采用 IEC479-1）进行的分析，接触电压 50V 以上时，人体皮肤阻抗明显降低，触及时，将有较大电流通过人体，而危害人身安全。《电击防护装置和设备 通用部分》GB/T 17045—1997（采用 IEC1140：1992）中，规定了间接接触防护措施：除了自动切断供电，和使用Ⅱ类设备的防护外，另一个重要措施就是采用交流 50V 以下的特低电压。在《建筑物电气装置安全防护 电击防护》GB 14821.1—93（采用 IEC364-4-41：1992）中，规定对直接接触及间接接触两者兼有的防护，首要的是采用交流 50V 以下的特低电压。

    本标准规定手提灯和移动灯具应采用不大于交流电压 50V，相应地对于潮湿场所不大于 25V，是因为这类灯具和它的连接线处于可移动的条件下，容易造成绝缘损坏，而导致间接接触，甚至直接接触，而危及人的安全。所以除需要装设保护电器自动切断电源外，还规定应采用 SELV，以保证安全。

    2 关于采用Ⅲ类灯具

    按《灯具—般安全要求与试验》GB 7000.1—2002（等同采

用 IEC 598-1：1999），灯具按防触电形式分类分为 0 类、Ⅰ类、Ⅱ类、Ⅲ类共 4 类。IEC 最新标准 2003 年版：IEC 60598-1：2003 已经取消了 0 类灯具，我国已着手修订 GB 7000.1—2004 标准，新标准规定灯具分为Ⅰ、Ⅱ、Ⅲ等 3 类。各类灯具特征如下：

1）Ⅰ类灯具：灯具的防触电保护不仅依靠基本绝缘，还包括附加安全措施，即把外露可导电部件连接到保护线。

2）Ⅱ类灯具：防触电保护不仅依靠基本绝缘，且具有附加安全措施，如双重绝缘或加强绝缘。

3）Ⅲ类灯具：防触电保护依靠电源电压为安全特低电压（SELV）。

显然，使用 SELV，就必须使用Ⅲ类灯具，使用Ⅲ类灯具，电压就必须采用 SELV。

7.1.3　本条规定了灯的电压偏差允许值，这些参数和《供配电系统设计规范》GB 50052—95 的规定是一致的。规定灯端电压不大于灯泡额定电压的 105%，有利于光源使用寿命，也有利于节能。规定灯端电压不低于灯泡额定电压的 95% 或 90%，是为了保证灯泡的光通量输出，以保持要求的照度水平。

7.2　照明配电系统

7.2.1　关于照明和电力设备用电分开或共用配电变压器，以及分开馈电线路，主要是从以下要求考虑：

1　提高可靠性，减少停电和相互影响。

2　保证和提高电压质量，分开配电变压器或馈电线路，可减小电压偏差和电压波动。

3　便于管理，方便运行、维护，有利于节能管理，如分系统、分单位计量。

4　经济合理，上述几项要求都应进行综合技术经济比较，计入初建费用和运行维护费用。

7.2.2 ~ 7.2.3　应急照明电源三种主要方式，以及其中两种、甚至三种方式的组合。三类电源各有特点，应根据建筑物的重要程度、取得电源的条件和不同种类应急照明的要求选取。

    1 接自电网有效地独立于正常照明电源的线路：特点是容量大，持续供电时间长，但要考虑火灾及其他灾害时对线路的损坏。一般说，建筑物消防设施和其他生产需要此种电源的条件下，用这种电源是合理的。

    2 蓄电池组：特点是较可靠，供电较有保证，转换快，但容量小，持续供电时间有限，要有较好的运行维护条件。适用于可靠性要求高，容量不大，持续时间不太长（一般不超过 3～4h）的场所。如疏散标志灯。对于应急灯数不很多，且布置较分散的条件时，适宜用灯内自带蓄电池方式。对于需长时间维持工作的备用照明不适宜单独用蓄电池方式。

    3 应急发电机组：容量中等，持续时间中等（如 6～8h 以内），正常照明故障熄灭后，转换时间要求不太高（15s 左右）的场所。安全照明不能采取这种电源。

    4 对于要求特别高的建筑，如高层、超高层建筑，人员特别密集的大型公共建筑（如大会堂，国际比赛体育馆，重要的机场候机楼、火车站、大型电视、广播中心等），为保证人员疏散、消防救援或保证继续工作等，其疏散照明和备用照明需要设置两种、乃至三种电源组合。

7.2.4 照明配电系统采用放射式或树干式，或两者结合的方式。树干式节省线路，但一回路线所接照明配电箱不宜太多，最好不超过 3 台。对于多层住宅楼，小型多层公共建筑可适当增加。

7.2.5 照明是单相负载，要求尽可能平衡分接各相。三相不平衡度太大，导致各相的实际电压差异大，而且加大中性线电流。

7.2.6 照明配电箱靠近负荷中心，以缩短线路，减少电压损失和电能损耗。

7.2.7 规定每一照明单相分支回路所接灯数和容量，主要是考虑在故障时减小停电范围，缩小影响面，同时也便于维修中检查故障点。

7.2.8 一般要求插座和照明灯不接在同一分支回路，是考虑插座连接移动设备，故障（特别是接地故障）相对多一些，在同一回路易导致照明停电，也不利检查故障。

7.2.9 电压偏差太大，一是使光源的光通量输出变化加大，影响照度稳定；二是电压偏高，降低光源寿命；三是电压偏高，增加电能消耗。所以有条件时，宜装自动稳压装置。

7.2.10 气体放电灯的功率因数一般都很低，大多在 0.4 ~ 0.6 之间。接入电网，必将大大降低变压器的利用率，增加线路电流，也加大了电压损失，还增加了线路电能损耗。装设电容补偿，提高功率因数到 0.9，是按电力部门要求。低压侧电容补偿，可采用集中装设，也可分散在灯内装设。灯内装设可以减小配电干线及分支线电流，效果更好。

7.2.11 气体放电灯在工频下工作输出光通量产生波动，将产生频闪效应。如果使用高频电子镇流器（荧光灯使用的多为 25 ~ 50kHz），基本上消除了频闪；如使用电感镇流器，则采用相邻灯接自不同两相或三相，可以降低频闪。对于荧光灯，接入同相电源时，光通量波动深度约为 32% ~ 55%，接入两相电路时，降低到 15% ~ 23%，接入三相，降到 3.1% ~ 5%。

7.2.12 按 IEC60598.1：2003 版，灯具分为三类，本章 7.1.2 条说明中可以看出，Ⅰ类灯具防触电保护不仅靠基本绝缘，还应将外露带电部分接地。所以使用Ⅰ类灯具，其外露可导电部分应接地。

7.2.13 使用 SELV 安全特低电压，为了 220V 电压不致传到 SELV 一侧，必须使用隔离变压器，而且二次侧不应接地。因为如果 SELV 一侧接地，则低压（220/380V）侧故障时，PE 线产生的接触电压可能传到 SELV 一侧，导致不安全。

7.2.14 分户、分单位设置电能表，是为了在运行中节电。

7.2.15 照明配电线的保护应符合 GB 50054 的规定。配电系统的接地应和建筑物的配电系统的接地方式统一，根据条件采用

TN、TT 或 IT 接地方式。

7.3 导 体 选 择

7.3.1 条、7.3.2 条、7.3.4 条都是常规要求。7.3.3 条规定了主要供气体放电灯的三相线路的中性线截面要求。对于气体放电灯特别是配用电子镇流器时，线路谐波含量比较大，尤其是 3 次谐波往往又占主要份量，而 3 次谐波在中性线上叠加，使中性线电流很大，有时甚至超过相线电流，尤其是大量采用谐波含量高的电子镇流器时，应予特别关注。

7.4 照 明 控 制

7.4.1 公共场所的照明，常常无人及时关灯，为了节电，宜有集中控制。按天然采光分组，是为了白天天然光良好时，可分别开关灯。

7.4.2 体育场馆、候机（车）楼等公共建筑应由专门人员管理、控制开关灯，必要时的调光，应集中控制，不应分散就地开关。有条件时最好是按时钟和照度进行自动控制。

7.4.3 旅馆的客房设电源总开关，并和房门钥匙或门卡联锁开关，主要是为节能。因为住旅馆的宾客离开客房时往往不注意关灯，造成电能浪费。但客房冰箱等电源不宜被切断。另外，总开关切断时宜有 10s 左右延时。

7.4.4 住宅楼的楼梯间用手动开关灯不方便，往往是变成长明灯，甚至通宵长明。所以建议采用声音结合光照自动控制开关，运行使用中有利节能。

7.4.5 房间或场所内一个开关控制的灯数不宜太多，一般 2~4个灯设 2 个开关，6~8 个灯设 2~4 个开关，以使个别人工作时，按需要点亮部分灯。

7.4.6 本条规定房间或场所的开关分组方式，便于按天然光状况熄灭部分灯或按工作需要（如报告厅）熄灭部分灯。目的是为运行中节能。

7.4.7 根据不同建筑或房间、场所特点，采取不同的开关和控制方式，这些方式应根据具体情况选用。

8 照明管理与监督

8.1 维护与管理

本节规定的目的是保证本标准在运行使用中能更好地贯彻实施。一是保证达到规定的照度标准和照明质量，创造必要的光环境；二是尽可能地节约能源。8.1.1条主要是建立运行节能的责任制；8.1.2条主要是保证照度和照明质量；8.1.3条则是保证这两个目的实施和落实。

8.2 实施与监督

国家标准发布实施后，应得到认真的履行。过去有些设计没有严格执行标准，也缺乏有效的检查与监督，随意性比较大。本节第一次规定了在工程设计（包括建筑装修设计）阶段、施工阶段和施工验收阶段得到有效的检查与监督。特别是标志照明能效的 LPD 值标准，是本标准的强制性条文（6.1.2～6.1.7 条），关系到建筑照明领域提高能效的重点课题，必须认真实施。当前我国工程设计（包括照明）实行了由专门机构或指定单位审图制度，本标准特别是强制性条文的发布实施和本节的规定，就能较有效地保证本标准的各项规定，特别是 LPD 限值，在设计阶段的实施。

值得注意的，工程设计中贯彻实施本标准较有保证，但建筑装修阶段的照明的管理、监督不够有力，造成照明效率不高，所以本节 8.2.2 条特别作了这个规定。